那些刻在我们心上的爪印

张丹 著

Paw Prints
on
Our Hearts

生活 · 讀書 · 新知 三联书店

图书在版编目 (CIP) 数据

那些刻在我们心上的爪印 / 张丹著 . —— 北京：生
活·读书·新知三联书店，2015.2 （2015.8 重印）
ISBN 978-7-108-05162-2

Ⅰ.①那⋯ Ⅱ.①张⋯ Ⅲ.①动物保护 Ⅳ.①S863

中国版本图书馆 CIP 数据核字 (2014) 第 246378 号

责任编辑　黄新萍
装帧设计　朱丽娜　张　红
责任印制　崔华君
出版发行　生活·讀書·新知三联书店
　　　　　（北京市东城区美术馆东街22号）
邮　　编　100010
网　　址　www.sdxjpc.com
经　　销　新华书店
排版制作　北京红方众文科技咨询有限责任公司
印　　刷　北京隆昌伟业印刷有限公司
版　　次　2015年2月北京第1版
　　　　　2015年8月北京第2次印刷
开　　本　720毫米×880毫米　1/16　印张　15
字　　数　106千字　图数142幅
印　　数　10,001—13,000册
定　　价　45.00 元

（印装查询：010-64002715；邮购查询：010-84010542）

谨 以 此 书 献 给

所 有 的 喵 星 人 及 其 他 非 人 类 动 物 朋 友

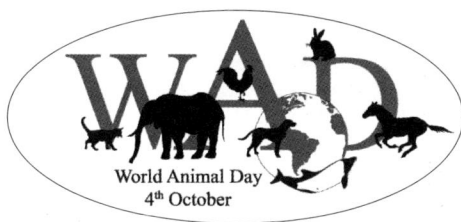

World Animal Day
4th October

对 不 起　请 原 谅　我 爱 你　谢 谢 你

不 可 能 的 梦 想

去编织——那不可能的梦想

去打倒——那打不倒的敌人

去承受——那无法承受的痛苦

去奔向——那勇者们不敢去的地方

去纠正——那不能被纠正的错误

去爱啊——那遥远的无瑕与纯真

去尝试——当你的双臂已太过疲累

去摘取——那摘取不到的星星

这是我的追寻

去追随那颗星星

无论多么的无望

无论多么的遥远

为了真理而战斗

从不提问或迟疑

愿意一步一步地迈向地狱

只为那个神圣的理由

……

—— 音乐剧《我，堂吉诃德》主题曲

目 录

序一
我和喵星人——不得不说的故事

2008 年 5 月，赴佛罗里达参加美国人道对待动物协会举办的年度动物关爱博览会(Animal Care Expo)，在一家专事圆领衫设计的公司展台前，我被一件圆领衫上的文字吸引住了：

Our animal friends leave their paw prints on our hearts

（我们的动物朋友把它们的爪印留在了我们的心上）

站在那里把这行字读了若干遍，默默地想，有一天，当我终于把猫咪们的故事写成一本书时，一定要用这个题目：

中文名：那些刻在我们心上的爪印

英文名：Paw Prints on Our Hearts

心。爪印。都是些什么样的爪印？什么样的猫儿留下了什么样的爪印？

能够追溯到的关于猫的最早记忆是在成都。那时的猫很少，那时的我怕猫。比我年长得多的红卫兵哥哥不知从哪里弄来两只猫，明知我怕猫，偏要我给它们喂饭。

每天两次战战兢兢地把拌好的饭远远地送到猫咪面前，随即拔腿就跑。那两只可怜的猫咪不知所终。

然后就是北京了。楼上人家长年把猫关在阳台上养，两只猫天天惨叫，听得我心如刀绞，最终鼓起勇气上楼去要来——也就是日后的虎子和白白。我还在读大学，照顾它们的工作落在了母亲身上。犹记得虎子最后的日子里，母亲带着他挤公交车去京西的农大医院看病，一向与她同床共枕的虎子病得根本跳不上床，她便铺了床席子陪虎子睡在地上，照顾他吃喝拉撒直至往生……

之后的一个记忆几乎失落，巧得美国明德学院（Middlebury College）中文系的康叶梅同学（Amanda Kaminski）在其题为《中国当代文学中的动物意象》（*Representations of Animals in Contemporary Chinese Essays*）的毕业论文开头对我的采访：

"一个周末，张丹正和男友一起散步，忽闻猫咪惨叫声，遍寻不得，原来那叫声是从一个井盖底下传来的。那是一个建筑工地，猫咪肯定是跑到工地里玩儿，不小心钻进了通往井盖的地下通道，怎么也出不来了。从其嘶哑的声音不难猜测，它已经这样叫了很久。井盖怎么也揭不开，张丹急着去找值班工人帮忙，让男友赶紧去弄点清水和食物来，他却认为她多管闲事，最后竟拂袖而去。值班员用铁钩揭开了井盖，受足了惊吓和饥渴之苦的猫咪获救了，张丹和男友的关系也到头了。当然，那时她还不知道帮助动物会成为其终生的工作……"

2003 年 10 月，我收养了第一只猫咪张灵灵。2014 年 9 月 1 日，第 33 只猫咪张菩提入住。11 年间，张家猫窝喵星人阵容不断扩大，灵灵早已从当年的独生女"沦为"了 1/33。

"生命的每种形式都是独特的，不管它对人类的价值如何，都应该受到尊重，人类的行为必须受到道德准则的支配。"（《世界自然宪章》）随着各种严重虐待、虐杀猫狗及其他动物的恶性事件见诸报端，悲愤之余，我成了一名动物保护的志愿者。很自然地，当时最关注的是伴侣动物和流浪猫狗的命运。与此同时，我也开始学习和了解与动物保护、动物福利、动物权利有关的先进理念与成熟实践。其间最主要的一个收获是，知道世上有这么多人和我一样关心动物，知道我不是孤军作战，欣慰不已。

"水陆空行，莫非历劫善眷；飞禽走兽，尽是多世良朋。"秉持着这样的信念，在不断的行动中，我发起或与人联合发起了诸如向日葵动物之友、中国动物保护记者沙龙、动保网这样的民间动保组织，希望整合各路护生力量，为中国动物保护公益事业的健康发展添砖加瓦。

无论是张灵灵还是张菩提，它们都是上述历程的见证者。无论是 No.1 还是 No.33，每一只猫咪的背后都有一个独特的故事，每一个故事都值得讲述。这些猫咪、这些故事一直就在那里，只不过在静静地等待一个被讲述的契机。

因为一只三脚猫的出现，这个契机瓜熟蒂落。她就是 Lucky99，今天人们所熟知的那只励志、治愈系、正能量的小猫咪。在清华大学蒋劲松老师的提议与鼓励下，我一边带着 Lucky99 求医求治，一边开始为她撰写故事连载。我写这只小猫咪的两次大手术；写她手术前后的坚强乐观、感恩惜福；写她住院期间及出院后与人们广结善缘；写她如何迅速康复成为一只三脚飞猫；写她如何既亲人又亲猫；写她如何从乖乖猫变身淘气包；写她作为一个小小的公益大使走进校园现身说法；写人们为她拍摄公益广告片；写她和小伙伴们抗议玉林狗肉节；写她与玉林劫后余生的小狗 Koby 相会于北京；写她为明星导盲犬珍妮庆祝 6 岁生日……

在迄今为止的 60 多篇连载中，作为 Lucky99 的麻麻，我的动保活动与思考自然也被写了进去，因为这原本就是有机的一体。比如：拿什么拯救你，被虐杀虐食的猫狗？！当枫叶红了的时候——对加拿大海豹制品说"不"；世上有什么草是从皮上长出来的？反皮草！我的动保引路人谢罗便臣与拯救月亮熊；假如给你三天黑暗——导盲犬之歌；将美式斗牛拦截在"鸟巢"之外；美丽零残忍——废除化妆品动物实验；寻找幸福的翅膀——拒吃鱼翅；我们今天如何纪念世界动物日……

这些连载首发于动保网（www.dongbaowang.org），后被更多的网友与媒体转载，渐渐地，这只励志猫开始受到读者的喜爱。人们不仅希望看到Lucky99的最新动向，也希望了解她那32个小伙伴的喜怒哀乐，所以，我又开始写Lucky99的小伙伴系列。三联书店的编辑黄新萍女士读到后，建议我把小伙伴系列结集成书，我替家里和所有的喵星人谢谢她。

"我们来自喵星球，我们向往无拘无束的生活，喜欢冒险，喜欢结交朋友，喜欢热闹，喜欢卖萌。其实，人类并不知道我们是外太空来的天使喵咪，为了治愈地球上千千万万的迷途小羔羊，我们无私地奉献着，治愈所有地球人是喵星人不变的使命。"这是网络上关于喵星人、喵星球这些网络流行语的解释。

与如此众多的喵星人共同生活是一件既美妙而又辛苦的差事。在2012年1月编辑出版的《动物记》（作家出版社）一书的后记中，我曾向当时的23个猫儿们致谢道：

"我的23个猫儿、23个小天使啊，对你们的感激无以言表。当我因为出版社的变故、因为联系不到作者而苦恼时，当我因质疑费尽心力编这么本书究竟有多大意义而无眠时，永远有你们在书桌上、电脑前、鼠标旁发扬'重在参与'的奥运精神相伴或'添乱'。在你们清澈深邃的双眸的注视与祝福下，把你们柔柔暖暖的小爪子握在手心贴到胸口，想着你们无数的同伴还在水深火热中煎熬，祈盼着读者读到这些文字后能有些许的触动与反思……什么样的困难不能克服？"

说说看，都有些什么样的困难？好吧，比如说，天天都要苦口婆心地做思想工作——教育猫娃们珍惜来之不易的幸福生活、团结友爱；猫毛无处不在无孔不入——

包括眼、鼻、口；每天无数次清理猫咪们的呕吐物（拜托小祖宗们可别吐在最难清理的键盘上！）；经常有坏孩子在不该小便的地方"嘘嘘"以抢占地盘；半夜三更还戴着橡胶手套在五个猫砂盆里清理二便是常有的事；如果有一阵子忘了清洁喵星人的耳道，那么只要有一个患了耳螨就等着全军覆没吧；冬夜睡觉时身上被各据一方的喵星人占领，翻身什么的就别痴心妄想了……

"它们讨得你的欢心，迫使你面对它们的各种需要，了解它们，最重要的是去想象它们的感受和希望。不经过这种努力，人要怎样摆脱自私与成见累积而成的冷酷与麻木呢？所谓设身处地、同情共感的能力，要从何而来呢？没有这种能力、不培养这种道德敏感度，我们又怎么会有动机去跨出自己、关怀他者呢？"与三只猫的共同生活带给台湾中央研究院著名学者钱永祥先生这样的喟叹。

这些年学佛以来，已经很少做噩梦了，偶尔做，几乎总是同一个：（因为战争、地震等天灾人祸）家里的猫咪们走失了！混乱惊惶中，我拼命地找啊找啊，找回来这个却找不回来那个，最后一数总还有好几只失踪，天哪，我该怎么办啊？！……

对这样的梦境有多种解析方式，其中最靠近事实的一个恐怕是：它说明我需要喵星人的程度远胜于喵星人需要我的程度，喵星人所给予我的远多于我为之所付出的。

后来读到我国一代文学巨匠夏衍先生弥留之际的三个遗愿之一，是嘱其家人务必安顿好陪伴他安度晚年的一只小黄猫，切莫弃之不顾，否则他在天之灵也不得安宁。夏公情深意重如此，思之令人肃然起敬。

"独异其禀性乖觉，气机灵捷，治鼠之余，非屋角高鸣，即花阴闲卧，衔蝉扑蝶，幽戏堪娱。哺子狎群，天机自适，且于世无重坠之累，于事无牵率之误，于物殖有守护之益，于家人有依恋不舍之情，功显趣深，安得不令人爱重之耶！以故穿柳裹盐聘迎，不苟铜铃金锁，雅饰可观，食有鲜鱼，眠有暖毯，士夫示纱帱之宠，闺人有怀袖之怜，而其享受所加较之群兽为何如耶？然则猫之系结人事世缘若有至亲切而不可离释者，方有若斯之嘉遇，此猫之所以视群兽有独异焉者。"清咸丰年间文人黄溪在《猫苑》一书的自序中这样写到其著书动机。

记者采访日本淡路市立中浜稔猫美术馆馆长中浜稔先生，请他以一句话作为结束语，他说了下面这段听起来有点拗口却不无深意的话："人类幸福，猫却未必幸福。但如果猫幸福，人类就一定会幸福。也就是说：保护自然，才能救助人们。如果猫能幸福地在这世上活着，就意味着人的社会一定也能幸福。"

"啊！我都想借用一下猫爪子了！"这是日语里形容忙得不可开交的惯用语。虽然每天忙于养家糊口的本职工作、伺候一大家子喵星人和参与各种动保活动，但说到写作，我还是更倾向于自力更生，用我自己的爪子而不是借用猫爪，只因猫书难如天书也。

喵星人自然不会用地球人的语言为自己树碑立传，而精通猫语的地球人又鲜有所闻。作为一个明显富有猫缘的人，于情于理，我想我都应该把我所有幸了解的猫咪们的故事讲述出来，因为，这既关乎喵星人的福祉，其实也关乎我们地球人的福祉。

张丹

北京·木樨地茂林居

2014 年 9 月 1 日

序二
动物保护的情感与理性

　　正如张丹所言，为这本书的出版写上一篇文字，我义不容辞。这不仅是因为我最早鼓励、怂恿她写这本书，而且也因为在一起创建动保网（www.dongbaowang.org）及共同反对虐待动物的诸多战斗中，我们都是坚定的战友。在动保圈中，我们还有着共同的佛教信仰背景，共同致力于促进佛教界与动保界的联合。

　　张丹长期从事动物救助志愿活动，本书发端于她为遭遇车祸截肢的小猫Lucky99撰写的网络连载，当时，我曾作过如下的评论：

　　小Lucky的确"猫如其名"，她是遭受伤害和遗弃的千千万万不幸动物中很幸运的一个。她与众多善心人士结下了深厚的因缘，也一定会唤起众人心底纯真的慈悲情怀。

　　她的命运是当下中国动物的一个缩影。她受到的帮助和关怀，也是中国这片土地上无数善心人士慈悲情怀的代表。从这层意义上说，关注小Lucky99的命运，就是关心中国动物保护事业的发展；关注小Lucky99，就不能忘记还有无数只遭受苦难的动物；关注那些帮助小Lucky99的善心人士，就不能忘记还有无数位克服重重困难、偏见、打击，无怨无悔地帮助动物的菩萨们。

Lucky99 是一根把珍珠穿在一起的红线，真正要介绍的就是中国当下的动物保护现状。

作为一个长期在课堂上宣讲哲学抽象理论的无趣男，我的拙劣生硬文字附在这本饱含情感、催人泪下、充满猫咪萌照的文学书前面，乍看上去很有违和感，应该不太可能起到促销作用。但是，动保不仅需要以情动人，也同样需要以理服人，我借此机会阐发一下动物保护所涉及的情感与理性关系问题，也许不算多余。

虽然中国的动物保护现状非常落后，残害、虐待动物的现象随处可见，动物生存的状况非常恶劣，但是，平心而论，我们这个社会中真正恶意伤害动物的人并不多，更多的普通人对待动物的态度是冷漠而不关心。我们社会上如此严重和普遍的迫害动物的罪恶，其实是一种平庸的罪恶，是一种思考能力的缺乏，是一种关注重视的缺乏。人们为了自身的利益，常常会把动物当作纯粹的工具和资源，而忽视动物是有感知能力、有情感与家庭关系的生命。他们难以理解动保人士为什么要在动物身上耗费如此多的精力和情感，无法理解动物保护的意义。尤其是对于伴侣动物，许多人还抱有偏见，认为野生动物应该保护，因为它们对于生态平衡非常重要，因为许多野生动物已经非常稀少，所以珍贵。许多人把伴侣动物排除在动物保护的范围之外，甚至许多从事野生动物保护的人士也是如此。他们往往不屑于与伴侣动物保护者为伍，甚至认为天天关心猫狗保护的人士败坏了动物保护的名声。他们保护动物的目的仍然只是为了人类的利益。他们所理解的动物保护，严格地说仍然局限在人类中心主义的范畴之内，不够彻底。

之所以如此，一个重要的原因是，人们对身边的动物没有认真关注过，并不了解它们，没有亲身体验过动物与人类互动的快乐，缺乏分享动物喜怒哀乐情感的体验，不能在情感上突破人类动物与非人类动物这种人为分割的伦理界限，不能在心理上把动物算成是必须要予以伦理关怀的"我们"之中的成员，缺乏一种命运共同体的认同感。在我看来，本书的一个重要意义就在于，通过这些入微的观察与生动的文笔，把读者带入猫咪生活的世界中，逐步建立起人与动物的情感联系与认同。

有人说《汤姆叔叔的小屋》引发了南北战争，帮助废除了违背人性的奴隶制。因为通过《汤姆叔叔的小屋》，人们深切地感受到过去被当作工具的奴隶和有自由的人一样，有情感，有喜怒哀乐，有个性，他们的命运同样值得关心和同情。我认为，本书也会帮助国人在推翻非人类动物奴隶制上向前推进一大步。因为，这些猫咪也和人类一样，有情感，有喜怒哀乐，有个性，有节操，会忧郁，会感伤，甚至同样会顽皮。我们今天在人类范围内废除了奴隶制，但是，今天所有动物在法律上的地位，正如同奴隶一样，缺乏权利，只是是人类的财产。人类解放弱者的运动，必须要从对奴隶的解放扩展到对人类之外的动物的解放。这是一场旷日持久的伟大运动，非一朝一夕所能完成，需要我们以滴水穿石的精神坚持不懈。

正是在这种意义上，人类对于动物的情感就具有了超越个人的普遍意义，构成了理性的深刻基础。许多人反对动物保护运动，反对动物保护立法，反对废除狗肉节；他们说你喜欢动物是你个人的情感，为什么要将个人的情感强加于他人？殊不知，在动物保护的问题上，对动物的情感是动保的引路者，对动物的深厚情感最终会发展为深沉的理性思考。

动保人由情感所触动，在深入的动保实践中，会一步步地扩展其对动物的关爱。许多动保人从一开始只关心自己养的、救助的猫狗，扩展到作为同物种的猫狗；从只关心伴侣动物扩展到关心野生动物、农场动物、表演动物、工作动物、实验动物，等等；从自发救助受伤的流浪动物，到分析动物遭受伤害的社会原因，并进而呼吁动物保护立法；从痛恨虐待动物的人，发展到深入思考虐待动物者的心理状态，关心他们的心理健康，等等。

动物保护从个人的情感出发，扩展到了对文化的反思，扩展到对人与动物关系法律规定的批判，扩展到重新界定人和动物的本质关系，重新界定人和动物的本质。可以说，正是从一种深挚的关爱动物的情感出发，人们的理性思考才能摆脱长期以来文化、传统、偏见、利益的束缚，才能超越人类中心主义的谬见，才能实现真正的理性。因此，本书所写的内容看似无足轻重，似乎只是少数不愁衣食者的小资情调，似乎只是少数情感泛滥者的矫情之作，然而如能举一反三，推而广之，又何尝不是冲破人类中心主义引力笼罩的助推火箭？

　　而那些已经非常喜欢猫咪、关爱动物的"猫奴们"，这本书同样值得他们认真阅读。因为本书不仅会给他们带来情感的慰藉和认同，也可以帮助他们将朴素的动物情感升华为深刻的动保理性。同样是喜欢动物，同样是在动物的娇萌面前毫无抵抗能力，张丹对动物的关爱，绝不仅仅是只照顾自己家里的那几只动物，只在网络上晒猫咪的萌照，只沉溺于对那些动物的情感依赖之中。她对动物的爱是理智的，是积极进取的，是深沉博大的，团结一切可以团结的动保力量，尽可能关心一切需要关心的动物。只有这种升华了的、普遍化了的、超越了个体喜好的对动物的爱，才是最有力量的爱。只有真正具备了这样普遍的爱，渗透了理性精神的爱，才能避免动保人的内耗与纠葛，才是动保事业发展最可靠的动力。

　　为了救助流浪动物，张丹成立了向日葵动物之友团队；为了加强动保的宣传教育，她风尘仆仆到各地高校举办动保讲座，联合创办了动保网（www.dongbaowang.org）；为了鼓励和发动更多媒体记者关心动保议题，她发起了中国动保记者沙龙；顺应全球化趋势，推动中国的动物保护与世界动物保护运动的结合，她担任世界动物日中国大使，积极投身于反对加拿大海豹制品与美式西部牛仔竞技进入中国、呼吁化妆品停止使用动物实验……凡此种种，张丹对动物的关爱早已超出了个人的情感，而是把动物保护作为社会运动来推广，体现了现代公民的敏锐意识。作为北大中文系的毕业生与杂志编辑，她汇集中外作家感人的动物美文，辑为《动物记》一书，有意识地利用文学的感人力量宣传动物保护。作为佛教徒，对动物的关爱不仅仅要顾及动物今生的福利，更扩展到对动物法身慧命的关注。她不仅仅自己身体力行坚持素食，不消费动物制品，而且给死亡的动物回向超度，策划世界动物日庆典法会，推动佛教界和动保界的交流与整合。在理性的指导下，朴素的动保情感转化成了顺应现代社会发展、推进动保的有力举措。

从本书介绍的三十几只可爱猫咪的故事缝隙中，我们可以窥见张丹所从事的这些动保活动，窥见与她合作交流共同推进动保事业的中外僧俗各界人士的风采与悲心。

一滴水见太阳，一只猫见世界。这本书所记述的猫咪，在中国不过是千千万万不幸而又万幸的被救助动物的一个缩影。你愿意和张丹以及千千万万动保人一起踏上这条注定遭遇千难万险而又不断走向光明的道路吗？

蒋劲松

2014 年 8 月 22 日首届动保营开营前夕于苏州重元寺

（本文作者为清华大学科学技术与社会研究所副教授）

序三
为绝望的动物发声

　　家猫经常会成为被严重虐待与滥用的牺牲品——尤其是那些不幸被遗弃在街头巷尾、不得不自谋生计的猫咪们。时而会出现一位勇士，为绝望的它们发声，给它们带来好运，保护这些为社会所做的贡献远超想象的动物们。毫无疑问，张丹就是这些勇士中的一位。她睿智地描述了诸多被她救下的猫咪们的故事，每一篇章都那么温暖人心，令人信服，读到这本书的所有人都将产生共鸣。

　　通过优美动人的叙述，张丹展现了向我们的猫咪朋友作出承诺和负责一生的重要性，并且沉静有力地阐述了猫咪与人类共同生存的必要性与合理性。书中关于那些曾遭受人类侮辱与虐待却始终勇敢面对生活的猫咪，不仅让读者思考我们是怎样辜负了这些受伤的灵魂，同时也说明，假使能从我们通常自私与忙碌的生活中挤出些许时间与恻隐之心，它们的命运将会多么不同。

　　张丹多年来一直工作在倡导动物保护的前线，是所有飞禽走兽坚定而又值得信赖的保护者。尽管这本书里的故事大多关乎那些曾出现在她生命中、打动她心灵的一只只猫咪，但她同时还将主题延伸到尊重和努力保护其他物种中。关于活熊取胆、猎杀海豹、美式斗牛等其他更多残忍行为的章节，唤醒和震撼我们的良知，呼吁人人行动起来。

《那些刻在我们心上的爪印》既是一曲有关力克难关顽强生存的个体动物的生命颂歌，也许更是一曲中国各地越来越多的为猫咪和其他动物福利而奔走的行动者的颂歌。此书令我们深深地为张丹感到自豪，感谢她和所有为我们的动物朋友大声疾呼的人，这一呼声正在日益增强。

谢罗便臣（Jill Robinson）

（本文作者为亚洲动物基金 Animals Asia Foundation

创办人暨行政总监）

角色表

本书角色众多——猫多人也多，为帮助读者更好地分清谁是谁，特列名单如下：

本书喵星人主角（按出场顺序）：

张灵灵、菩提、虎子、白白、憨宝儿、小扣子、虎妞妞、黎黎、淘淘、Amy美玲珑、小花儿、小笛子、小 Ku、小 Mu、龟田小队长、铃铛、花儿朵朵、湾湾、张国庆、缺心眼子、小二黑、黑妮妮、张汤圆、张兰兰、张加加、芽芽、张小北、旺仔、白珍珠、龙龙、小满仓、客居猫汤圆、客居猫 Becky、法喜、Lucky99。

已往生喵星人：小扣子、津津、路路、小花儿、破五、兰兰、咪娅、小金子、小 Mu、芽芽、团团、圆圆、平平、安安、两只连名字都没来得及起的小娃娃、客居猫汤圆……

本书中的地球人代表：

麻麻：张家猫窝所有喵星人的公仆、猫奴、保姆、继母、本书作者。"麻麻"一词自宝岛台湾引进，读音为"马麻"，已成为热络的网络用语，意为妈妈，可如果直接称"妈妈"也太平常、太无趣了吧？

奶奶：麻麻的麻麻。张家猫窝所有喵星人最有爱的长辈。按说应该称为"姥姥"或"外婆"，不知咋的就成了"奶奶"了，以讹传讹、将错就错吧，辈分没错就行。

敬启读者诸君

本书将用"他"或"她"来描述动物，与人类一样。只在性别不明时使用"它"。因为，"它"包括人类这种动物之外的所有其他万物，诸如桌椅板凳飞机大炮，难道不是一个冷冰冰、毫无生命温度的字眼儿吗？

躺在我的心窝吧，美丽的猫，藏起你那锐利的爪脚！

让我沉浸在你那美丽的眼中，那儿镶着金银和玛瑙。

——【法】夏尔·波德莱尔

😺 喵星人小档案

年龄：11岁

性别：女生

姓名：张灵灵

生日：2003 年 2 月 22 日

收养日：2003 年 11 月 10 日

收养地点：邻居家

毛色：奶牛猫（白色与黑色相间的中长毛）

眼珠色：黄宝石色

性格：只亲奶奶 + 孤傲不群

失落的原住民—— 张灵灵

　　常常被灵灵的眼睛迷住。一对儿黄宝石般的杏核眼那么美，那么纯，那么神秘。

　　有着一对儿金色美瞳的灵灵从严格意义上说是我收养的第一只猫咪，意义自然不凡。

　　那一天是 2003 年 11 月 10 日。

　　她是我从邻居家抱回来的。那家的主人是一对"老革命"，资格老，职位高，收入多。当年尚未搬至现址时我们也是邻居，深知其对待动物之道。他们家前后养过几只猫，都是一个养法：一年四季关在风雨无阻的晾台上，每天扔些玉米、红薯、残羹剩饭，让其自生自灭。那时的晾台是不封闭的，猫咪成日成夜地在晾台上哀号，我听得真真切切，忍无可忍。最后冒着得罪他们的风险，把虎子和白白都接到了我家，直到终老。虽然当时的物质条件和养护知识都无法与今天相提并论，但我相信它们在我家是幸福快乐的。这便是因猫而跟他们家

"结缘"的开始。

搬到现在的高层住宅楼后，所有的晾台统一封闭，听不见猫叫声，平时又无来往，还是在电梯里从他家小保姆玉蓉那里得知他们既养猫又养鸟还养鱼，为啥？画画儿！老太太爱画个花鸟鱼虫什么的，照猫画虎呗。每天，老太太都严格控制猫的饮食，只准玉蓉喂她少许猫粮，水是喝鱼缸里的。一只没有绝育的猫咪到了发情的年龄自然会出现某些症状，猫儿因此每遭毒打，格外怕人就不足为奇了，平时总是待在柜子顶上不下来。

鼓起勇气敲响了这家的门。进门刚跟老太太寒暄了两句，就看见一只小奶牛猫从柜顶上跳下来跑到我跟前，我忙蹲下身跟她轻轻地说话。她不躲不藏，若有所思地望着我喵喵叫。试着把她抱在怀里，轻得像团棉花，九、十个月大的成年猫怎么会这么轻？后来一称还不足五斤重。

老太太说话了："哟，还从来没人对她这么好过呢，你还蹲下身跟她说话呀，真新鲜。"

问其名，答曰："猫还要有个啥名儿？就叫'猫'呗。"

我自告奋勇带"猫"去绝育和免疫，费用全包，养好拆线后再送回来。老太太不乐意了：

"这猫还是我让人家从上海坐火车给我捎来的呢，就冲她长得好看，我还要给她配种下小猫儿呢！"

只好给她来个锲而不舍软磨硬泡，最后把老太太逼烦了，说："非要做，你就拿走吧，我不要了，真是的！"当时尚无专业猫包的我赶紧用家里的四川竹篮把她装了回来。

次日，即带她去医院手术，一切顺利，愈合良好。伤口拆线后，心里还是不确定老太太是否真的不要"猫"了。还是把她送回去吧，省得夺人所"爱"。

没想到抱着她一出家门她就吓得小便失禁，尿了我一身。待进了楼上的门，一见老头儿老太太，猫儿"刺溜"一声钻到床底下死活不肯出来了。老太太说："带走吧，我们不要了，养着怪麻烦的。"好不容易哄她出来，马上抱回家，一进家门儿，她就跳下地迈着舞蹈似的小碎步怡然自得地溜达开了。

除了是我收养的第一只猫咪外，灵灵还是我经手送去绝育并做术后护理的第一只猫咪。手术的成功与恢复的良好使我完全接受了绝育这一动物福利的全新理念，从此开始不遗余力地推而广之。借由施以绝育手术，使家养伴侣动物无法繁殖，从而达到减少动物数量、提升其生存质量的目的，人道、科学、理性。自1980年代以来，欧美等国家和地区的动保团体几乎无一例外地均大力推广为动物绝育。国际爱护动物基金会（IFAW）一个著名的口号便是："爱它，为它负责，给它绝育。"近年来，绝育的对象还延伸到流浪猫狗群体，对他们的绝育称为TNR（Trap 抓捕—Neuter 绝育—Release 放归）。

邻居老太太根本不知道灵灵的生日，只说是2003年初到她家的，当时还是个小奶猫，我由此推断她是当年2月生的，并擅自做主把她的生日定在了2月22日，盖因这一天是日本的"猫之日"——猫咪的节日。

奶奶和我很快就爱上了她，奶奶并名之曰"灵灵"——当然，大名是张灵灵啰，动物医院的病历本上就是这么写的呀。当时尚处于青少年期的灵灵活泼好动，机灵无比，真是名副其实。只是她的美眸里偶尔还会闪过一丝忧郁，我知道，那是过去的噩梦在作祟，奶奶和我希望用加倍的爱抹去她记忆深处的阴霾。

灵灵很快就从美少女成长为一只标准的淑女猫。可能因为她来自上海，天生地便带有沪上女性的诸多特征。她非常注重自己的外表，每天都会花很多时间精心梳理自己，总以最佳状态示人。她的声音细柔娇嗲，富有表现力。吃相更是优雅，总是小口小口地进食，从未见过她狼吞虎咽地风卷残云。无论何时何地、何种姿态，灵灵永远都是一道怡人的风景。她本来长得就美，也知道自己美，所以就更臭美了。一身洁白柔顺的细绒长毛，头上"戴着一顶漂亮的小黑帽"（美国友人史德维语），后背右上和左下部位各有一片黑色的叶子，尾巴竖起来更像是一朵绽放的黑菊花，迈起猫步来仪态万方神气十足。论品种，灵灵应该算是只标准的奶牛猫（黑白花纹猫）。用一生爱猫的冰心老人的话说，灵灵这样的毛色又名"鞭打绣球"和"拖枪挂印"，可真有趣啊。

有一年夏天，灵灵被淘淘传染上了皮癣，为治疗方便，跟淘淘一样，除了头部，全身上下都被剃光光了。跟淘淘不一样的是，最爱美的淑女猫灵灵因此大受刺激，东躲西藏了好些时候，只有夜深人静时才肯出来吃喝拉撒。她一定是觉得自己丑到家了，实在没脸见人见猫了，连死的心恨不得都有了……

灵灵是所有猫儿里面最知道自己名字的，只要一叫"灵灵！"除了睡觉，她都会答之以一声美妙的"喵！"她还酷爱被拍"猫屁"，奶奶经常一边拍一边念着即兴创作的打油诗——你别说，还挺押韵。可能是因为拍猫屁的关系，在奶奶和麻麻中，灵灵明显地更亲奶奶。每天除了睡觉，她醒着的大部分时间都跟奶奶在一起。不管奶奶是在看书看报还是做饭搞卫生，灵灵总是常伴左右。每晚奶奶坐在沙发上看电视的几个小时是灵灵的黄金时段，如果那个后来的巨无霸胖阎王龟田小队长不在奶奶身上睡着的话，灵灵就会跳到沙发的扶手上，奶奶向前看电视，她向后看奶奶，深情款款，不时还伸出她的纤纤玉爪温柔地抚摸奶奶的脸、嘴和手，经常把奶奶感动得不行：

"灵灵乖，灵灵最喜欢奶奶了对不对？奶奶知道，奶奶也喜欢乖灵灵啊！"

哪里有压迫，哪里就有反抗，淑女猫灵灵也有几件最不喜欢被地球人强迫的事：剪指甲、梳毛和洗澡。以洗澡为例，只要不幸被麻麻抓住按进水盆里，

一身洁白柔顺的细绒长毛，头上"戴着一顶漂亮的小黑帽"（美国友人史德维语），

后背右上和左下部位各有一片黑色的叶子，

尾巴竖起来更像是一朵绽放的黑菊花，迈起猫步来仪态万方神气十足。

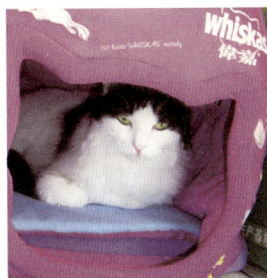

明知逃跑无望，她就索性听天由命，温顺无比；可刚一洗完澡被抱到水盆外，她就又伸爪发出威吓声，用大浴巾都按不住，更别说吹风了。还有一个"死穴"——怕去看兽医，一被关进猫包就已经吓得半瘫，到了动物医院就几乎吓得半死了……

2004年的一天，勤俭持家的灵灵麻麻我找出针线盒缝补衣服，灵灵在一旁专心致志地学习——传统的淑女猫哪有不工于女红的？缝完一处后我随手把缝衣针放下，抬头对着灯再找另外一处破绽（老眼昏花）。等找到开线处回头再找针，不见了！再一看，灵灵在旁边吞咽着什么，赶快把她的嘴撬开，啥也没有。不对，她一定是把针给吞下去了！

赶紧抱着她去了动物医院，X光片一拍出来便昭然若揭：那根缝衣针的确是被她吞下去了！万幸的是，针鼻儿冲里针尖儿冲外，也就是说，当时她是倒着把针给吞进去的，而且没有刺破内脏器官，实乃不幸中的万幸！医生分析说，她肯定是先去舔那根针上连着的线，顺势就把针也给舔进了嘴里，越想把它给吐出来，舌头上的倒刺就越钩着它往喉咙里走……

灵灵啊灵灵，想跟麻麻学女红做一只名副其实的淑女猫是好事，可那也不用把针线吞进肚子里啊！

怎么办？医生建议先观察两天，一旦出现状况就随时把她送到动物医院手术取针。一回到家我就密切地观察灵灵的一举一动，时时祈祷她快点把针给拉出来，每次她一拉完BB（粑粑）后，我就冲过去用一支圆珠笔倒过来扒拉，看看里面有没有那根针。如此这般一直坚持到第五天上午，终于在她的BB里发现了那根已经开始生锈的针，如获至宝，有惊无险，谢天谢地！

学女红吞针惊魂一幕发生之后，灵灵又过了两年多独生女的好日子。

到了2006年，世道变了。2月初，从竹园宾馆救回了小扣子和憨子两口子。

灵灵虽有不悦，表现得还算大度。4个月后，小扣子和憨子的俩闺女虎妞妞和小黎黎也来团聚了，一家四口相见甚欢。不谙世事的虎妞妞和小黎黎姐妹俩没有表现出对原住民应有的尊重，这下算是把灵灵的忍耐力考验到极点了，她索性连原来关系还过得去的憨子和小扣子也不理了，整日天马行空独往独来，不管见了那一家四口中的哪一个都不顺眼。也难怪，从天字一号的独生女一变而为五猫中的少数民族，真是有点难为她了，估计她的抑郁症就是那时患上的。

次年1月，又来了一个黑狸花猫——超级淘气包胖淘儿！胖淘儿跟谁都自来熟，逮谁就跟谁掐一架或摔一跤，自顾自玩得兴高采烈。这下好了，放眼望去，满世界都是狸花猫的天下，把原住民奶牛猫灵灵的尊荣和安宁打扰了不说，还一举让她变成了彻底的少数民族。她的抑郁症一点点加深。

后来……后来的后来……别提了，一只只新猫就跟葫芦娃似的进了家门。灵灵不改初衷，永远孤傲独处，谁也别想攀高枝儿跟她交朋友。不管见了谁，不管谁侵犯了她的猫际关系安全距离，她都会发出一阵外强中干的"哈！"声，侧目而去。而且，她只吃独食，进餐时旁边绝不能有别的猫，否则就算是眼前摆着山珍海味她也会气鼓鼓地悻悻而去，绝不屑于与任何"垃圾猫"为伍。虽说是只标准的淑女猫，但设身处地替她想想，便不难明白她为什么常常表现得像个老"愤青"了——从1到1/N啊！

前些日子有个叫Alice的陌生姑娘发邮件问我这样一个问题："请问，有没有好的方式让我家猫不厌恨其他我带到家里的猫？她性格过分孤僻，不接受其他动物，会很凶而且不出来……"我现身说法道："我家第一只猫灵灵做了三年的独生女，然后眼见其他猫一只只进来，气得鼓鼓的，天天吹胡子瞪眼，跟谁都不好，就跟人好，好像只要我老妈和我继续对她好、不因猫儿越来越多而忽略她，世界就不会有大问题。你那边的情况是不是这样？其他猫儿刚进家不

岁月之剑逐渐磨平了淑女猫张灵灵的孤傲和抑郁，

她终于跟这些"垃圾猫"、跟这个世界讲和了。

久？新来的猫不认生还特黏人？我想最好就是既照顾好刚来的猫又能够兼顾到原来那只猫儿的心理，多爱它抱它让它觉得自己仍然是个宝，不会因新来的猫儿而有任何变化，慢慢它应该会好起来的。或者如果有条件，先将新猫放到一个单间隔离几天，让原来的猫慢慢适应新猫的味道和存在，有个适应的过程，不太突兀，也许奏效。会好的，一切都会好的。"

当然了，奶奶和麻麻也不是白当的，除了照顾它们的饮食起居，还要研究其情绪与心理变化，并注意调解民族矛盾。问题的关键在于灵灵。麻麻我经常语重心长地教导她说：

"憨子他们比你多吃了多少苦、多受了多少罪啊？不光风餐露宿饥一顿饱一顿，还得躲避那些挨千刀的猫贩子，免得被他们逮去剥皮吃肉，能活到今天、能到咱们家，容易吗？别看人家不顺眼了，知道你漂亮你健康你聪明，可也得学着去发现其他喵星人的优点，和平友好相处啊，这样才是好孩子呢。"

又给她朗诵了我写的《流浪猫之歌》：

> 天当房来地当床
> 垃圾剩饭当干粮
> 风刀霜剑严相逼
> 生离死别两茫茫

灵灵的一肚子怨气这才慢慢地消下去了。

古往今来，喵星人不仅是作家、画家和所有艺术家的灵感源泉，其中天赋出众者还赤爪上阵亲自作文、作曲并见诸记载。

"猫是作家完美的伴侣。"法国卓有成就的画家亨利·卢梭这样认为。事实上，许多著名作家都留下了与其爱猫的温馨合影。日本作家村上春树的处女作小说《且听风吟》和其后的历篇名作，均是在喵星人的陪伴下创作完成的，喵星人既是他生活中的良师益友，又充当了其作品中的主角之一（"人类至交"）。所以啊，他很应该认真地对喵星人说：每本畅销书的版税里有我的一半，也有你们的一半，喵！

　　著名的奏鸣曲《小猫的赋格》作者是谁？虽说现在的署名是意大利作曲家梅尼科·斯卡拉蒂，但如果他是个诚实的人，就应该承认最初的一段旋律是他的爱猫普尔奇内拉在琴键上踩出来的，这一点儿也不丢人。

　　把张家猫窝的喵星人用爪子踩出的文字或字符保存到一个名叫"猫书乎？天书乎？"的文档里，是从 2008 年 8 月 21 日开始的。最近一篇喵日记创作于 2014 年 8 月 28 日，前后长达六年。在此期间，只要打开电脑，没准儿哪只猫咪兴之所至就会到键盘上溜达一番，留下大作。创作的事归它们，保存的事归我。

　　在张家猫窝如雨后春笋般涌现出的诸多猫咪作家中，灵灵不算最勤奋和最杰出的，她的写作时间集中在 2011 至 2012 年间。下面随意撷取几段作品看看她都写了些啥名堂：

　　在 2011 年 1 月 28 日她写道："当当网我我我我我我我我我鹅鹅鹅饿饿 fgcccctv。"

　　——灵灵啊，张家猫窝 24 小时 /365 天敞开供应的多种优质猫粮还不够你吃的？你居然还喊饿？难道你竟想吃鹅？麻麻平时苦口婆心给你们做的素食宣传全白搭了吗？你是在 CCTV 上看到鹅了吗？这岂是一只淑女猫该想的事啊？

　　仔细回想之后意识到，当天是我第一次上当当网购物，买的自然是猫粮和猫砂啰。

以下作于 2011 年中某日，颇费思量：

"jjolljoko 的偶像哦谢谢爹多谢多谢多谢多谢多谢多谢多谢第三封"

——"jjolljoko"是谁的代号？灵灵的偶像是谁？或者她竟是别人／别的喵星人的偶像？她啥时候有了个爹？她一直在跟干爹通信都写到第三封了？这些重要情况麻麻我怎么都不掌握？颜面尽失！

2012 年 12 月 9 日："沉迷国难财末日末日"

——天哪，难道连喵星人都知道该年岁尾世界末日将至吗？！那一年川西发生特大地震，损伤惨烈尽人皆知，连喵星人都知道谴责那些丧尽天良发国难财的人渣，可真不能低估灵灵这孩子的思想觉悟啊。换言之，如果沉迷于发国难财之中的人多了，这世界可真就到了它的末日了。

今年 4 月，多半是因为他们的麻麻我业障深重，先是缺心眼子皮球颈部化脓住院治疗四十多天，他尚未出院灵灵又患上了严重的淋巴结炎。那段时间，麻麻我每天都为两个孩子的病情而揪心。想到她最怕去医院和见医生，我的流浪动物救助战友王寅把灵灵接到家里悉心治疗，二十多天后痊愈回家。

"灵灵啊，你在生死线上走了一遭又活过来了，奶奶和麻麻可真高兴啊！"

这句话灵灵每天都会听到 N 多遍。每当此时，她本来就娇嗲的喵声就愈发娇嗲了。我知道，她是在用这样的方式表达她的感激之情。

春来秋去，转眼间，灵灵已经入住张家猫窝十余年之久了，今年早春二月的"猫之日"当天为她庆祝了 11 岁生日，折合成人寿则为 60 多岁。岁月之剑逐渐磨平了淑女猫张灵灵的孤傲和抑郁，她终于跟这些"垃圾猫"、跟这个世界讲和了。

这正是：原住民独生女娇灵灵养尊处优　喵星人葫芦娃挨个来乱了乾坤

还有什么礼物比猫咪的爱更弥足珍贵？

——【英】查尔斯·狄更斯

🐾 喵星人小档案

憨子（憨宝儿）：父，约 14 岁
小扣子：母（2006 年 7 月往生）
虎妞妞：大闺女，约 12 岁

小黎黎：二闺女，约 12 岁
获救时间：2006 年 2 月
获救地点：北京城北竹园宾馆
品种：均为中华田园猫（即土猫）

憨子一家

2006 年 2 月 9 日，我的美国朋友 David Stipp 一家三口自波士顿抵京，下榻于我为其预订的竹园宾馆。David 是美国著名的科学记者和作家，他关于抗击老龄化革命的专著 *The Youth Pill: Scientists at the Brink of an Anti-Aging Revolution* 问世后广获好评。2004 年我们作为同事刚认识时，我给他起了个中文名——史德维，把三个字的意思逐一解释给他听后，他非常喜欢，随即到琉璃厂刻了枚名章带回国去。

史德维一家长途跋涉，旅途劳顿，对古典庭院式建筑风格的竹园宾馆十分中意。结束北京的行程后，他们即将前往深圳，领养盼望已久的中国孤女。当晚探望完他们临走时，跟史德维一起去前台预订次日的长城一日游。从他们住的后院那栋楼到前院的路上，楼阁相续，长廊曲折，深深的庭院里灯光幽暗，猫儿的叫春声此起彼伏，四处张望却没看到一只，大概都躲在假山后面了。

快走到前台大厅的自动门外时，发现一只成年猫咪趴在我脚下，蹲下去跟它说话，它温顺地回望我。自动门应声而开，猫咪竟跟着我一直往大厅深处的前台走去。把它抱到前台桌上，它既不反抗也不出声儿，乍一看只觉得它一只眼睛有恙。服务员说它叫肉墩儿，在这个院里生活了好多年，几乎每天晚上都来要吃的。我请她们一定对它好点儿，说我会马上送猫粮过来，请她们定时喂它猫粮和清水，她们爽快地答应了，并说院儿里还有好多野猫呢。该走了，我依依不舍地频频回头张望，而它竟也一直目送我离去。

心里从此有了它，再也放不下。第二天就请猫粮商家给送去了两袋猫粮。至2月13日友人一家离京，几天内多次出入竹园宾馆，却再没见到那只猫咪，它温顺敦厚的神态总在我眼前浮现。跟服务员们聊熟了，知道她们常用剩饭剩菜喂那些固定生活在这里的流浪猫，但猫的数量不断增加（不做绝育的结果），有位国内"大款"客人不胜闹猫声之扰，投诉到总经理处。在屡赶不绝的情况下，为免影响生意，李总经理果断地决定近期来个"根本解决"，其意不言自明。了解到这一情况后，我立即与两位常年救助流浪动物、经验丰富的战友王寅与金静商量对策，一致决定尽快为那里的流浪猫绝育。

为什么要为猫咪绝育？耐心读完以下来自国际爱护动物基金会（IFAW）的信息后就会明白，为猫咪绝育不仅绝对必要而且好处多多，是一件既利猫也利人的大好事。

爱它，为它负责，给它绝育

如果猫咪或狗狗没有绝育，其繁殖速度会让我们永远都不可能为它们找到足够的家。由于数量过剩，许多猫狗流落街头，经受饥饿和疾病的威胁，甚至被虐待，命运十分悲惨。同时，流浪猫狗的大量出现，也会使公众对伴侣动物产生偏见。

在繁殖季节，激素水平的变化会改变猫狗的行为。其中一些行为可能是主人不希望看到的：

◎情绪不稳定，因此可能在和人接触时会有抓咬行为；

◎同性间会更加好斗，很可能因为打斗而受伤；

◎有些雄性会出去寻找雌性，每年因此有大量家养的伴侣动物走失或出车祸；

◎不能繁殖的猫咪或狗狗（特别是雌性）由于受到激素的困扰，会产生严重的不良情绪和极度的焦虑症状；

◎在不合适的地方（比如房间里）排尿做标记。

绝育会为伴侣动物和你的家庭带来许多好处：

◎避免伴侣动物因发情引发的行为改变；

◎大大降低猫狗患乳腺癌、卵巢癌、子宫病变，睾丸癌和前列腺癌等生殖器官疾病的几率；有研究表明，不做绝育手术的猫狗的发病率比做过手术的高近40倍；

◎做过绝育手术的伴侣动物性格更温顺，从家里走失的几率较小；

◎避免意外生育，造成主人家庭负担过重而抛弃猫狗，同时也避免近亲繁殖产生的残疾动物；

◎避免发情的雄性猫狗把毛绒玩具、人腿、其他猫狗当成假想对象，做一些令人难堪的动作。

人们对于绝育的一些典型误解：

◎我认为绝育是违反自然的。

自然界的动物处在食物链中，它们繁殖，为的是不被天敌所消灭。家养的伴侣动物在某种程度上已经脱离了自然，没有天敌的威胁，成了人类社会中的一员。面对它们数量过剩的问题，人类应该本着对它们负责的态度，控制生育。

◎我想给它完整的一生，不希望它没有尊严。

很多人认为给伴侣动物绝育后，它们会没有尊严。和我们人类不一样，它们本身其实没有性别的自我认识，也没有性别的自尊。而且伴侣动物对性的概念和人类是很不一样的，它们的性行为仅仅是生物性的（荷尔蒙驱动的），并不能得到快乐。反而会给他们带来焦虑、困扰和压力。千百年来一直作为人类的伴侣，它们最在乎的，是你终生悉心的爱护。如果你如此地爱护你的动物，相信你也不愿意他的子孙后代流浪街头、遭受虐待和被遗弃的痛苦。

◎我想买避孕药给我的猫咪／狗狗吃，行吗？

进行绝育手术是目前已知的最佳制止生育的方法。猫狗专用的化学避孕药剂非常昂贵，且需要严格的兽医监督。绝不要给自己的猫咪或狗狗吃人用的避孕药，这将导致动物的荷尔蒙失衡，会带来严重的疾病。

◎我不会让我的猫狗怀孕，我觉得没必要做绝育，怕它们疼。

我给憨厚老实的肉墩儿起名"憨子",又名"憨憨"、"憨宝儿"。

给小巧玲珑的肉球儿起名为"小扣子"。

绝育手术是在麻醉状态下进行的，你的猫咪或狗狗在手术中不会感到疼痛。成功的绝育手术术后恢复很快，更不会对它们的健康有损害。同时也要考虑不绝育给动物带来的潜在行为问题及可能引起的更多健康问题。

◎既然怀孕繁殖的都是雌性动物，那为雄性动物绝育是否多此一举呢？

没有雄性，雌性动物就不会怀孕。雄性动物不做绝育手术，每年会使很多雌性动物怀孕。另外，绝育后的雄性动物脾气更温和，会较少有进攻性行为，也不会四处乱跑。

◎我担心绝育后我的猫咪或狗狗会发胖。

肥胖在未绝育的家养伴侣动物身上也是很常见的现象。缺乏运动及营养不均衡是发胖的原因。有些猫咪和狗狗在做绝育手术后略有增重，是因为它们的运动减少了。应增加散步的次数，多玩耍，并且每天吃营养均衡的食物，这样可以帮助它们保持身材。

◎我想等我的猫咪/狗狗发情一次以后再做绝育。

很多人都觉得应该在自家的猫咪/狗狗发情一次，甚至生产一次后再做绝育。多项国际研究表明，雌性猫狗在发情一次后做绝育手术，到老年时患乳腺和子宫疾病的几率增加到20%，生育一次后的雌性猫狗，发病率可达40%。而早期做绝育的，发病率不足1%。

◎绝育后的恢复期要多久？我怕没有那么多时间照顾它们。

从麻醉到实施完手术，全过程需要1～2小时。术后1～2天，猫咪或狗狗可能会显得比较安静，希望独处。主人需要每日检查伤口，提供新鲜清洁的饮用水和食物，以及一个舒适的窝。狗主人应尽量应狗狗的需求带它出去上厕所，当然必须拴上犬链。动物完全恢复需要一周左右。建议和兽医提前预约，利用周末时间做手术，这样就可以有 2 天全程护理。等它们完全恢复，就可以享受更高质量的美好生活了！

◎绝育后的雄性猫，是否会有尿道阻塞的问题呢？

尿道阻塞是由于膀胱结石引起的，通常与基因和饮食相关，与绝育手术完全无关。

◎手术之后，我的猫咪／狗狗的行为会不会发生变化？

猫狗的脾气会变得更加稳定，更容易训练。绝育的雄性会减少散发引诱异性的气味，并减少打架争斗的次数，因此受伤的几率会大大降低，也会减少在外闲逛的时间，被车撞到和走失的几率也就少了。绝育后的雌性不会思春，所以就没有不断叫春的声音，也不会试图外出或损坏家具及物件了。

……

鉴于长期生活在竹园宾馆里的流浪猫至少有 13 只，金静和王寅建议我们与宾馆合作，首先把猫咪们一只只捉住，然后请有经验的兽医上门分几次给猫咪们集体手术。我们作了分工：王寅去订十个装猫用的大笼子，因为市场上现有的既小且差；金静和另一流浪猫救助者"猫叔叔"负责联系医生；我去说服竹园方面提供两间平房，一间作手术室，一间作术后疗养室。至于费用，一开始我们还希望竹园至少能负担一部分，结果发现完全不现实，人家表态了：人

我收养了惑子一家四口，

虎姐姐和小黎黎据说是惑子和小扣子的闺女。

初来乍到的惑子和小扣子一副苦大仇深的表情（左下）。

手与房间好说，钱免谈。好。那就我们来付。人家还有一个前提条件，那就是术后所有的猫咪一个也不能放回竹园，必须全部带走。我们也答应照办。继续积极准备。时间一天天过去了，王寅从南方订购的笼子迟迟未到。事不宜迟。我们决定用现有的笼子开始行动。

2月15日，情人节次日下午，金静和我带着诱捕笼来到竹园。冬日的阳光照得园子里暖融融的。工作人员带我们到流浪猫聚集处抓猫，没看见肉墩儿，却见一只狸花猫蹲在台阶上晒太阳。工作人员介绍说她是肉墩儿的"妻子"肉球儿。金静从包里掏出香喷喷的食物，趁肉球儿吃得香，顺势把她抱在怀里。等不到其他猫咪，我们果断决定改变战术，逮到一只做一只，马上打车带肉球儿去动物医院手术……当晚，王寅上门来给肉球儿打止痛针和消炎针，还教会我给猫咪打针，后几天的针都是我打的，虽然紧张得肝颤手抖。

两天后的上午接到竹园电话，说肉墩儿被捉住了，让我们快去接走。在医院等待麻药起作用之前，发现看似壮实的肉墩儿体弱多病，牙齿磨损严重，几颗残牙深埋在牙龈里，已处于肉牙肿早期。严重耳螨。身上有多处伤疤。尾巴上有个大硬包，不知是病变还是外伤所致。最可怕的是他的肛门周围粘满了米粒大小的白色绦虫，数不胜数！金静和我用医院的大卷卫生卷纸蘸着消毒液擦啊擦啊，不知用掉了多少张纸，以至于一位漂亮的护士小姐半开玩笑半当真地说，都要把她们医院擦破产了！

据宾馆工作人员介绍，肉墩儿和肉球儿是"小两口"，常年在竹园宾馆内觅食生活，服务员遂给它们起了这俩名字。后来发现其实徒有其名，俩猫都是包子脸，虚胖。它们都是"非典"时期被主人抛弃至此的，后来不知生了多少胎，园里尽是它俩的子孙后代。金静和我见到了其中的两只，正在平房顶上流浪觅食，据说因为偷吃了谁家的鸽子，其中一只猫的腿被鸽子主人用棍子打断了，可惜怎么也抓不住……

把术后的肉墩儿和肉球儿小两口安置在家中一个温暖如春的单间里。它们是继灵灵之后我所救助的头两只流浪猫。半个月隔离期满，它们终于可以自由自在地四处活动，与多日来对它们好奇得不得了的灵灵一起玩儿了。两只猫咪看上去苦大仇深愁容满面，不知在它们短暂又漫长的生命里都经历了怎样不堪回首的往事。

猫咪繁殖的季节已经到来，时不我待。"抓获"肉墩儿和肉球儿的同一周晚些时候，在宾馆方面的配合下，我们又将生活在竹园宾馆的众多其他流浪猫咪一一抓住送去手术了，术后那些猫咪分别被我们仨收养或放归到由我们负责照顾的小区里。

痊愈后给肉墩儿和肉球儿各自洗了平生第一个澡，拍出照来面貌焕然一新，判若两猫。根据其性格和体格特征，我给憨厚老实的肉墩儿起名"憨子"，又名"憨憨"、"憨宝儿"；给小巧玲珑的肉球儿根据英谚"as cute as a button"，起名为"小扣子"或"扣扣"。

我收养了憨子一家四口，虎妞妞和小黎黎据说是憨子和小扣子的闺女。虽然找不到也管不了他们所生的其他孩子，但想到至少这一家四口能在一起共享天伦之乐也就聊以自慰了，却不料小扣子当年7月就因肝坏死而辞世，留下憨子单独照顾俩闺女。好在憨子绝对是个模范父亲，完全可以告慰在天上关注着他们的小扣子。

8年过去了，憨子、虎妞妞和小黎黎一家三口依然幸福地生活在一起。憨子于2007年底由刘朗大夫操刀连根拔除了全口牙齿，从此彻底告别了牙疾与眼疾（没错，牙疾好了，眼疾也神奇地跟着好了），至今依旧憨态可掬，对人对猫都善良厚道。每当睡着以后，粉红的舌尖从憨子那没有半颗牙齿支撑的小嘴里伸出来，煞是可爱。他今年应该已经相当于人类的 70 多岁了，从正面拍出来的照片看又胖又憨，只有从背面和侧面才看得出他弯腰塌背，走起路来很有几分龙钟老态。憨宝儿，好好活啊！

憨子的叫声不仅是俺家猫娃中最特别的，也是我所听过的喵声中最特别的。他的音色圆润、洪亮、起伏多变、连绵不断，像蒙古长调般悠扬高亢，荡气回肠。每天两回，早晚各一回，时长在 15—20 分钟，而且边叫边走，绝不会坐在一个地方干叫或干唱。后来我想明白了，憨子这是在做早晚课呢，没错，他在念经——憨子念经变奏曲。

"听，憨爸爸又在念经呢！咱们可要好好学习啊！"虎妞妞常对猫妹妹小黎黎这样说道。

自从 2007 年底憨子拔牙以来，除了出差在外，我每天雷打不动的一项工作便是喂憨子吃罐头。只要他一饿，便坐定在你身旁不远处，用那双无辜的、纯净的大眼睛望着你：

"喵呜喵呜，憨子饿了，要吃罐头，要吃罐头……"

随着年龄的增长，憨子养成了少吃多餐的习惯，而且发展到要用勺子一口口地喂他吃的地步，真是一只罐头猫啊。这增加了我的工作量，一会儿一顿、一会儿一顿、一会儿一顿……但看着他老当益壮念经不已，再苦再累我也心甘情愿。当然，每次喂他吃罐头时都会念诵吹肉往生咒……

"它拥有让我们愿意回家的本领。"这里的"它"指的是 19 世纪末期的美国作家查尔斯·沃纳的爱猫卡尔文。憨子也有让我快快回家的本领，回家干嘛？回家喂他！

虎妞妞和小黎黎——憨子和小扣子的俩闺女——都属于紧张型的猫咪，虎

虎姐姐

妞妞小紧张，小黎黎大紧张。

　　虎妞妞是典型的女孩儿，一双湛绿的大眼睛，爱撒娇，爱蹭腿。虽然在女孩儿里长得最像小老虎，但却胆小如鼠，楚楚可怜。她表达感情的方式是伸出毛茸茸的爪子温柔地抚摸麻麻我的脸。可能是因为她整天幽幽地叫个不停又从不摸奶奶的脸，奶奶老说她像台湾那个著名的怨妇吕秀莲（人家可是台湾地区前副领导人哦）。

　　她还是个天生的抽象派大师。自从 2006 年 6 月进门以来，她从来没有一次真正地盖过猫砂。每次如厕完毕都只见她将双爪伸向砂盆周围的墙壁、柜门、砂盆边缘，甚至——空中！在她的想象中，她已经完美地盖好了猫砂，于是从容不迫地跨出猫砂盆，绝尘而去。

　　虎妞妞十分亲人却不喜欢被人抱，每次被喜欢她的麻麻"不幸"抱在怀里，都能明显感觉得到她肌肉的紧张度。若挣脱不了，绝望之中，她能想到的唯一办法就是拼命地、讨好地舔麻麻的手和脸。每当此时我便不由自主地想到那些被捉被宰的猫儿……万一虎妞妞被猫贩子抓了去，任凭她舔遍猫贩子的手、脸、全身，任凭她的眼神再惹人爱怜，任凭她的叫声再撕心裂肺，那些冷血杀手也丝毫不会被打动，她最终也难逃成为一道盘中餐——猫火锅（水煮活猫）或龙虎斗（炖猫和蛇）——的命运。

　　斗转星移，狸花猫黎黎依然矫健得像只小猎豹，眼睛依然那么大、那么圆、那么绿。一定是在竹园宾馆流浪期间被人伤害过，她对人的警惕之心从未放松过，所有拍到的照片不是眼睛瞪得溜圆，就是耳朵朝后竖起呈"飞机耳"状，随时准备逃跑。有一年，就剩黎黎尚未接种疫苗了，情急之下，我用一条大浴巾把她裹住，塞进猫包带到医院。把猫包放在桌上，伸手进去试图把她拉出来，惊恐万状的黎黎拼命挣扎，结果我左手的虎口被她那从未修剪过的尖指甲深深地钩住了，无论她和我谁一使劲都只有一个结果，那就是越钩越深，血流如注。医生一看不好，要我赶紧到邻近的海军总医院急诊部注射狂犬疫苗……

再回到故事开头的史德维那里。他们离开北京后直飞深圳，从福利院接走了苦苦排队等候了一年多的孤女，回到波士顿时一家三口已成了一家四口。他早给她取好了英文名——Claire，说要是我能再给她起个中国名字就圆满了，于是就有了"宇家"——Claire 宇家。这个一下子掉到福窝里的小丫头茁壮成长，精力旺盛，求知欲和学习能力超强，让史德维夫妇连连称奇。不久，这个美国老爸辞职当起了自由作家，为的是不错过女儿成长的每一天、每一刻。

而我印象最深的则是 Claire 宇家学会的第一个英文词——Gentle。这是因为她刚到新家时，家里有两只史德维夫妇多年前从流浪动物庇护所领养的猫咪，当时已垂垂老矣。小姑娘很喜欢跟它俩玩儿，但有时动作不够轻柔，所以她的美国老爸便一边抚摸猫咪一边口念"gentle"、"gentle"，言传身教。今天，将近 8 岁的大姑娘宇家不仅跟猫和狗成了好朋友，而且开朗友善，学业优秀，当然，还踢得一脚好足球，打得一手好乒乓球，德智体全面发展。

我也因而变得很喜欢这个英文字，兹与读者诸君分享其字典中的中文解释如下：

Gentle：

亲切的，仁慈的，和蔼的；和善的；好意的，友爱的；（性格）温和的，（动作、气候等）和缓的，轻柔的；适度的，不猛烈的，不强烈的，平和的，不严厉的，不粗暴的；（统治等）不严酷的，不施暴的，出身高贵的，出身名门的，属于上流社会（或上等阶层）的，上流阶层的，有身份的，像（或适于）上流社会的；有礼貌的，有

教养的，彬彬有礼的；（声音等）轻轻的，低声的，柔和的；（山等）
不陡的，和缓的，坡度小的；（动物）驯服的，温驯的

　　Claire 宇家早期学会的另一个英文字是"Peace"。其原委是——史德维
在邮件里说——他们生长于五六十年代的很多美国人以前分别时都习惯说
"Peace！"而不是今天的"Bye bye！"那么，就让 Claire 宇家这样的下一代把
这个被遗忘了的好词重新拾起来、用起来吧！祝愿人心 Gentle，天下 Peace！

　　Peace：
　　名词：1.和平；和平时期；2.治安；社会安定；3.安心；平静；
4.和睦；融洽；和谐；5.和约；停战协定；6.【植物】和平月季（一
种杂交香水月季，开大黄花）
　　不及物动词：（用于祈使句）安静下来

这正是：会友人竹园宾馆邂逅憨子一家　流浪猫命运多舛上演悲喜交加

猫与狗的柔顺和勇敢，还有聪慧和忠诚之类，常常让人叹为观止。它们以完全不同
或似曾相识的风度和姿态，赢得了人类的好奇心和同情心，还有发自内心的爱意。
可是人类对于动物的暴虐，也往往集中在这两个生灵身上。

——张 炜

🐾 喵星人小档案	年龄：9 岁
	性别：男生
名字：淘淘、胖淘儿	毛色：黑褐色中毛狸花猫，白马甲
出生：2005 年底	＋白手套＋白长靴
收养时间：2006 年春	眼珠：绿宝石色
收养地点：北京西城区建设部大院	性格：亲人＋亲猫

亲善大使胖淘儿

在一家环保媒体任编辑的小菲是我的"发小",住在北京西城区百万庄的建设部大院里。院里有很多流浪猫,每到傍晚便出来觅食,多年下来她也见怪不怪了。有一天她看见一个保安小伙儿把一只小流浪猫关进了一间平房里,便停车上前问个究竟。保安说领导不喜欢看见流浪猫到处跑,尤其是白天上班时间,这只小猫太淘了,到处蹿,不睡觉,只好把他关起来了。小菲和保安对话时,小猫在她的小腿肚子上蹭来蹭去,还仰头渴望地看着她,那信号再明显也不过了。她不忍心就这样转身离去,便向保安要来了这只小猫,放到车上,边给我打电话边向我家的方向开来。

小菲曾有过一只名叫宝宝的京巴,她对他视如骨肉,宠爱有加,为了他几乎推掉了所有的应酬和出差。在一起度过了幸福的12年后,宝宝病逝。家里处处都有宝宝的痕迹,触景生情,小菲伤心不已,托我把宝宝所有的用品都捐给了流浪狗基地。我建议她考虑领养一只流浪狗,把对宝宝的爱延续下去,她却以再不能承受生离死别之痛为由婉拒了。领养流浪猫就更不考虑了，因为她从没养过猫，甚至还有点怕猫。

话说那只小猫在她车里活蹦乱跳，她一边开车一边试图按住小猫，差点没出车祸，可见这孩子真够淘的。到我家后，小猫毫不认生，宾至如归，溜达来溜达去，可劲玩儿。过了一段时间，王寅把他接去做了绝育，发现他患有顽固性的体癣和耳螨，于是又留在她那里治疗和观察了一段时间。

回到张家猫窝后，他贪玩儿的劲头有增无减，精力与好奇心严重过剩，天不怕地不怕猫不怕人也不怕，凡事必定瞎掺和，四面八方侦察据点——这么说吧，他的字典里就没有"认生"二字。到家第一天，老妈正坐在桌边择菜，他跳上饭桌，在刚腾空的菜盆里团身睡起了大觉，醒来后居然还跳到洗菜洗碗池里去玩了一回，弄得满身是水！奶奶刚坐下喝口水，他就像只小老虎般猛扑到她身上，吓了她一大跳！

奶奶根据他的性格命名他为"淘淘"，据我看很贴切，就像她当初为"灵灵"起名一样，事实证明非常正确。这个典型的淘气包男孩儿后来体重日增，故又名为"胖淘儿"。

一天，一个日本朋友来我家看猫，刚进门就受到淘淘的热情欢迎，他喵喵地叫着，把头伸过去让人家摸，还一个劲地往人家身上蹭。趁人家低头换鞋的工夫，淘淘索性爬到了客人背上，然后把自己变成一条肉围脖裹住了客人的后脖颈！客人（一位随在一家著名日企担任高管的夫君来华生活的日本太太）不仅不生气，还连说淘淘可爱得很。

从此，淘淘就担负起张家猫窝迎宾官和招待猫的重任了。无论谁来，只要有人开门、敲门、按门铃，他必第一时间跳到大门里的推拉窗台上，兴奋地等着迎宾。对如此特别而又隆重的欢迎仪式毫无思想准备的来宾们无不欣喜地说：

"哎呀，这猫儿真可爱真有趣啊！"

淘淘也趁机尽情享受被摸头和挠头的快乐，一干就是8年——8年哪（2006—2014）！

淘淘刚来时，家里已经有了灵灵、憨宝儿和小扣子三个娃娃，一个娇、一个憨、一个紧张，任凭淘淘如何挑逗，仨娃娃就是不跟他玩儿。后来，憨宝儿和小扣子的俩闺女虎妞妞和小黎黎也来跟父母团圆了，淘淘对虎妞妞一见钟情，这么多年来从未移情别恋，不可谓用情不专一也。虽然老早就做过绝育了，但并不妨碍他对虎妞妞的忠贞爱情。生性羞涩的虎妞妞和小黎黎姐妹俩见了热情万丈的胖淘儿就像见了活阎王，避之不及，叫苦连天。

没有玩伴也难不倒淘淘，他索性自娱自乐，蹿上跳下，百米冲刺，四仰八叉，抢吃抢喝，死缠烂打，没心没肺，傻吃酣睡，倒也过得有声有色有滋有味。他的睡姿堪称所有娃娃中最解放、最有特色的，男孩子嘛，没必要太注意那什么劳什子形象啦，8年来拍到的其搞笑睡姿图片不计其数。

与"原住民"张灵灵眼见着一个个猫儿葫芦娃似的进门气得半死不同，淘淘兴高采烈地欢迎每只猫儿的到来，每来一只就立马冲上前去打招呼道：

"嗨！我说，新来的！我是大胖淘儿，跟我一起玩儿吧，可好玩儿啦！"

说胖淘儿是个文盲有点过分，但他从不读书看报可是真的，自然也从不像张家猫窝为数不少的喵星人那样梦想着当猫咪作家。他仅有的几次写作差点没把键盘踩坏！不像其他猫咪那样踮着脚尖在键盘上轻踩珠玑，他没轻没重地在上面跑跳不说，还经常突然躺在上面要麻麻挠头，不给挠或挠的时间太短就要赖不起来。不用说，这样的熊孩子当然写不出什么有水平的东西来：

"爱爱爱呀 u7hnjm"（2010 年 11 月 27 日）

——这一定是说他喜欢被挠头……

"哦哦你干嘛马麻嘛呀你别骂我那么么"（2012 年 6 月 2 日）

——这显然是干了坏事后挨骂了……

"皮皮认同它天天天他通个话"（2013 年 4 月 18 日）

——不知他跟谁（皮皮是谁？）天天通话共商调皮捣蛋之计？

……

虽说缺乏文化素养和文学天赋，但也没人规定胖淘儿不能附庸风雅啊。他有一个独特的爱好，那就是，无论你是准备读书还是写字，他都像是听到了号令一般冲将过来，在书本或宣纸上稳稳地坐定，自动充当文房四宝之一的猫镇纸，大尾巴还一上一下惬意地打着拍子——我来了！舍我其谁！众所周知，古代镇纸大多采用兔、马、羊、鹿、蟾蜍等动物的立体造型，可是再立体还能比胖淘儿无私奉献的猫镇纸更立体吗？问题是，该肉镇纸体积过大，往上那么一坐吧，你是既读不成书也写不成字。除了出任猫镇纸，胖淘儿还喜欢把玩墨汁，不让他玩儿他偏要玩儿，一不留神就会被抓个"现行"：嘴巴和白爪都变成黑黢黢的了！

淘淘从小就有鼻炎，鼻子常年不通气，经常打喷嚏，所以啊，麻麻我每天都要找时间给他按摩迎香穴和鼻梁上下，这是他最享受的时刻了：乖乖地、放松地躺着，随着按摩的节奏很快就打起了小呼噜，希望麻麻的神手永远不要停下来……

三年前的盛夏时节，胖淘儿患上了湿疹，为上药方便及确保疗效，我把胖淘儿的毛毛全剃光了——除了头部之外，于是胖淘儿就华丽变身为一只标准的ET 外星猫啦！不像灵灵剃光毛毛之后的满腹失落，胖淘儿满不在乎，爱谁谁，

为了治病，把胖淘儿的毛毛全剃光了，除了头部。于是，胖淘儿变成了一只ET外星猫。

虽说胖淘儿缺乏文化修养，却喜欢附庸风雅。

爱剃就剃，有本事就把俺头上的毛毛也剃光光！算个啥嘛，还省得俺洗头了呢，既省水又省洗发液，环保！

淘淘的照片还上过亚洲动物基金会的宣传刊物哦！

说来可真是话长啊。7年前的2月，滴水成冰的时节，接到天津动保志愿者的求助电话，他们从天津民权门市场抢救下来的400多只待宰猫咪急需救助！被挤压在一个个逼仄无比的粗糙铁笼里的猫咪们惊恐万状饥寒交迫伤病缠身，已陆续开始死亡，志愿者们无处也无法安置这么多猫咪……

中国小动物保护协会创办人、会长芦荻教授闻讯后，当即决定先尽快将所有幸存猫咪接到北京安置救治，后续问题容后再议。芦荻教授还邀请了仁爱为怀的全国政协委员胡启恒女士同行，我则通知了同样关爱动物的艺术家艾未未先生，我们一行多人连同一辆从搬家公司租来的大货车一起紧急驶往天津方向……

后来的情形艾未未在次日所撰写的博文《永远失去的信任》中写得分明：

"在一家花鸟市场，天津的爱猫志愿者发现有人进行猫的大批量转卖。在志愿者的努力下，经过与猫贩子、警察、工商的说服、纠缠、争斗之后，将四百多只猫安全托管，存放在近郊的一间库房里。

"我陪伴北京救护组织的人员前往，下午两点离开北京，前往天津。此时正是早春季节，风和日丽，小年已过，离大年不过几天。

"几经辗转周折，找到了处在外环一带的仓库区里的一间仓库，拉开铁门后，我看到了人生所遇到的最悲惨的景象：400多只猫聚集、散落在一个100多平米的库房中，30或50只窝成一堆，蜷曲在一起，在堆放的门板后，闲置的橱柜中，发出成片的凄惨的叫声。一些猫惊恐地躲在房梁上，躲在房梁与墙壁的间隙中。这里有世界上各个品种的猫，不同的花色，不同的年龄，曾经一度是主人宠爱之物，有的试图与人接近，用头部磨蹭着我的腿，想得到曾经的呵护。唯一相同的，是它们无法掩饰的美丽和眼神中流露出的惊恐畏惧，已失去了对人的信任。这些猫算是幸运的，在年轻志愿者的努力下，才免遭被宰杀和贩卖的厄运。年轻人为了这些猫，受到猫贩子的威胁和恐吓，其中一人还被品行不端的警察打伤，住进了医院。

　　"在将这些猫装上前往北京救助车的过程中，几乎每一个志愿者的手都被抓伤咬伤，流着血，但他们没怨言，无私和友善让人暂时忘记了伤痛和悲伤，忘记了对人的恶行的鄙视和失望。

　　"430只被虐待残害的猫，20多个志愿者，天津的花鸟市场，打人的警察，千万只被屠杀的小狗，2008年奥运会，高喊着的和谐社会，这些之间会是一种什么样的关系？这批将被贩卖的猫是偶然被发现的，天津有许多这样的市场，年复一年的，有难以计数的猫和狗遭此厄运，在全国，每天每时每刻都有无数的动物遭遇同样的命运，它们永远无法发出让人类能够听得懂的声音，无法为一个生灵所具有的尊严而辩护。在它们的眼中，人类能带给它们的只是无尽头的、不可征服的恐惧。

　　"由于没有对保护小动物立法，罪恶得不到遏制，凶手得不到惩罚。当法律空缺时，人的良知和善意同样大面积地荒芜、消亡，剩下一个没人性的、愚昧的、扭曲变态的世界。中国人对自己最大的惩罚是：将永远失去其他族群和生灵的信任和尊重。"

　　北京——天津——北京。夜以继日的24小时。那是一场令我终生难忘的

淘淘的照片还上过亚洲动物基金的宣传刊物哦！

战役。

　　像其后全国各地越来越多的拦截抢救行动一样，把众猫或众狗从屠刀下抢救出来只是万里长征的第一步，获救后的工作则是艰巨与长期的。这批猫咪在中国小动保协会的京郊基地落脚后，众多志愿者纷纷前往，救死扶伤，出钱出力，展开领养，同时替那些深深伤害过它们并差一点将它们变为盘中餐的人类向这些劫后余生的生灵们谢罪。

　　艾未未与路青夫妇从这批猫儿中接走了40多只老幼病残孕者，为它们设计并建造了一个温馨的猫之家园，猫儿们在那里得到了精心医治与疗伤，颐养天年。

　　我的流浪动物救助战友王寅和我也接出了数量相仿的天津猫咪。后来，国际爱护动物基金会（IFAW）和亚洲动物基金(AAF)决定负担部分天津获救猫咪的医疗费用，其中包括我们这批猫咪。

　　AAF要我提供数张天津猫咪和之前我所收养猫咪的图片，包括王寅家里和店里待领养流浪猫的图片，结果他们选中了一张胖淘儿在猫窝里的淘气照用在其会刊上，另一张我抓拍的救助者罗旻女士与王寅店里的无名胖墩断尾白猫的合影也被用在当年由其主办的中国伴侣动物研讨会的会场背板和宣传资料上。

能够得到在此之前素不相识的IFAW的帮助让我既意外又感动。IFAW派出项目官员郑智珊女士与兽医顾问张拥军先生前来，一一仔细查看这批猫咪的情况并制定医疗方案。这位张拥军医生的大名听着耳熟？没错，他就是日后为励志猫Lucky99做车祸后第一次手术和绝育手术的医生，正所谓因缘不可思议啊！

与胡启恒女士的善缘也持续着。王寅和我曾去胡女士家里为其收养的流浪猫送医送药。胡女士心情沉痛地说，从前院里的流浪猫天天都到她家窗台上来吃饭喝水，后来有一天它们突然集体消失了，令她百思不得其解。天津救猫行动后才知道，原来是被猫贩子给抓去卖给餐馆做菜吃了！

2010年初，非法商贩偷盗、囤积猫只贩往广东等地食肆的地下产业链日益猖獗，我把志愿者拦截贩猫车等相关信息陆续转发给艾未未，在掌握了由各地志愿者提供的此产业链各环节线索和信息的基础上，艾未未工作室出品了真实记录这条血腥产业链的纪录片《三花》，并在次年的世界华语纪录片大赛中荣获银奖。

这是网友"刘情"的观后感："曾经家人的宝贝，被棍棒击碎头骨，被铁丝勒破喉咙，被装进麻袋里踩死，被强行割下头颅，被剥皮，被烫熟，被淹死，被剁碎，被塞进逼仄的牢笼堆放在货车里，通向广东省的高速公路上一路哀号，日复一日年复一年。变成一道菜，一张皮，一根火腿肠……怎么忍心……怎么能……那些为爱而奔走的人们，面对冷漠以死相逼，还要有多少人站出来，才能阻止暴力的蔓延？"

央视《新闻调查》栏目的优秀编导陈新红女士也在众多动保志愿者的协助下拍摄了长达45分钟的深度调查专题片《需要法律保护的猫？》。两片均堪称振聋发聩，至今仍在发挥着其揭示真相、呼吁利用现有法律禁吃猫肉并彻底取缔这条产业链、呼唤出台中国动保法的作用。然而任重道远，三年过去了，贩猫车、贩狗车不见减少，志愿者奋勇拦截、放生猫狗的悲喜交加的新闻几乎天天都在挑战着我们的敏感神经与道德底线。

以动物为媒，我与艾未未伉俪结缘。每次陪远道而来的客人前去位于京郊草场地的艾家采访或拜访都是一件愉快的事，何况还能见到那些自由自在的天津猫儿们。

每每想到中国现当代著名诗人艾青——艾未未之父，便不由得想起其作于1938年11月17日的那首名诗中的名句：

"为什么我的眼里常含泪水？因为我对这土地爱得深沉……"

拿什么拯救你——我命运多舛的动物朋友？为什么我的眼里常含泪水？因为我对你们、对这片土地爱得深沉……

这正是：淘气包迎宾猫亲善大使闹翻天　天津卫救猫行引出黑色产业链

······像这样把这个柔软的小生命抱在腿上······看着它这副无条件地
依赖于我的睡相，我就会觉得有一股暖流涌入我的胸膛······

——【日】村上春树

🐾 喵星人小档案

全名：Amy 美玲珑
出生：2006 年
获救时间：2007 年夏
获救地点：北京海淀区八里庄玲珑公园

收养地点：王寅店里
年龄：8 岁
性别：女生
毛色：黄白相间短毛
眼珠：黄宝石色
性格：亲人 + 亲猫

淑女猫——Amy 美玲珑

　　王寅女士是北京一位资深的流浪动物救助者。从国营医药公司出来后，她自谋职业开了家小店，同时义务兼着半个兽医，经常有人带着自家宠物或救助的流浪动物来请她注射疫苗和看病救治。

　　小店一个角落里放着两层高大的笼子，前面挂着帘子，里面总有数只猫咪——要么是刚做完绝育的流浪猫，要么是等着长大一点做绝育的小猫，要么就是病猫，她可以边工作边照顾它们，两不耽误。须知，王寅毕业于首都医学院（今之首都医科大学），被我称为流浪动物救助界最具专业背景的救助人。慈悲、爱心不用说了，她的专业、理性、科学、冷静、高效更是我所严重欠缺的。

　　这么多年来，我所经手救助和收养的流浪猫几乎没有一只不曾得到过她的帮助——帮助抓捕、带到动物医院绝育、带回家护理、拆线、上门给猫看病、给全体张家猫娃打疫苗、带病猫回家治疗、应我之请给急需的救助人上门送医送药，等等。她那辆又小又旧的轿车堪称一辆移动救护车，后备箱里满是猫粮、清水、急救药品和用具、诱捕笼和套狗杆（用以捕捉流浪猫狗做绝育手术的人性化工具）和盖布、铲子（用以掩埋在高速公路等地发现的动物尸体）……我时常由衷地感叹：谢天谢地有王寅！

2007年夏，为方便上网领养，我计划把她当时收养的40多只流浪猫建个文图俱全的档案，于是把她发给我的猫咪图片打印出来带上，到她的小店和她一起看着图片，听她讲述每只猫咪的故事并记录下来。

"尽管这些猫咪骨瘦如柴，满身跳蚤，甚至没人知道它们的出处，然而，它们却都有了很好的归宿。它们之所以得救，得到细心的呵护，是因为人们对于无助的生命有着恻隐之心，愿意为它们敞开心扉，打开家门。"（帕特里夏·米切尔《永远的好朋友——我和我的猫咪》）

说到这里想起经常被问到的一个问题：你收养的猫咪都有名字吗？你记得住它们的名字吗？

这实在不是个问题。一只猫咪就像一个人，虽然猫咪们有共性——悲惨的流浪史，但只要你肯投入、肯用心，自会发现其与众不同的历史和故事、个性和特征，想忘也忘不了。我是这样，王寅和其他救助者当然也是这样。

所以，夏日里的这么一天，我来到王寅温馨的小店，坐下来开始听她讲家猫儿们的故事。一去就看见一只黄白相间的成年猫儿在一张长桌上走来走去，咦！这只以前没见过啊？

原来，这是只新来的猫儿。刚生完小猫还不到10天，狠心的主人便把猫妈妈和她的4只小猫崽一起扔到了玲珑公园，当时天还下着大雨！玲珑公园是王寅常年"群护"的公园之一，她熟悉那里的猫咪，给它们都做了绝育，如果有新来的猫咪，公园的工作人员便会打电话告诉她，或者抓住后请她来带走送到医院绝育。

冒着大雨，王寅把这只被遗弃的猫妈妈和她的娃娃们带回了家。娃娃们满月断奶后，王寅开始给小小猫们寻找领养人——喜欢领养小小猫的人通常总是有的，不久4只小小猫就陆续有了新家，其中一只是被我一个朋友的朋友领养的，取名露露。

至今还记得那个夏日的傍晚，王寅、那个朋友和我一行三人，带着一大堆"嫁妆"——猫粮、猫粮碗、水碗、猫砂、猫砂盆、猫砂铲、猫窝、玩具等，浩浩荡荡驱车前去送猫。到了那个朋友的朋友家后，王寅和我东考察西考察，千叮咛万嘱咐，跟嫁闺女没啥区别。看得出人猫之间明显有缘，我们这才放心而去。

可那成年的猫妈妈没人要。因为脾气好，亲人又亲猫，王寅便把她带到店里玩儿，顺便看看有没有谁会看上她。王寅说这只猫母性太强了，特别疼爱小猫，自己的孩子被领养走了，店里那几只半大的小猫正好把她当妈妈缠着她闹、叼着她那已经干瘪的奶头吮吸，而她就像一位真正的妈妈一样，舔完这只舔那只，任凭他们折腾，绝对视如己出。

很自然地，我马上就心疼和喜欢上了她，把她带回了家。她的性格温柔似水，她的喵声美妙无比，令我毫无抵抗力，只觉得心都化了……她的名字马上就蹦了出来：Amy美玲珑——真的是自动蹦出来的哦！

后来上网一查，这个英文和中文组合的名字对她实在是再适合不过了：取"Amy"这个名字的女孩多给人玲珑、纤柔的印象，并有着安静、沉着、有文化素养及婉雅的特质，其拉丁文含义是"被深爱的"；"玲珑"当然是纪念她被弃和获救的玲珑公园。

每当想起她的不幸遭遇，想起她从此再无相见之日的亲骨肉，便不禁紧紧地把她抱在怀里："Amy好孩子受苦了……"

虽然曾被原主人无情地伤害过，但 Amy 仍然相信人性中的善良，相信儿孙自有儿孙福（她在心里默默地为孩子们祈福不已），所以她生活得平和愉悦，才不会像有些猫、有些人那样整日眉头紧锁，纠结不已呢。作为一只天生的、标准的淑女猫，娇小玲珑的她永远把自己收拾得干净整洁，怡人怡猫怡己。

每天总有几个时间段是她和麻麻我的亲密互动时间，无论我是在电脑上工作，还是在做家务，她总会跑到我面前来用她那特有的"喵"声，还有她那黄竹节一样的尾巴来问候和提醒我：

"麻麻麻麻，时间到了哦，Amy 在这儿等着呢！"

不能失信于 Amy 啊，于是我就放下手头的工作，开始给她挠头，或把她抱在怀里与她对话。相当于人类婴儿大小的 Amy、灵灵、小 Ku、黑妮妮、白珍珠、小二黑、南南、加加等喵星人最适合用来抱了。

只要麻麻我一上床，Amy 总是魔术师般地第一时间出现在我的胸口上。只见她迈着芭蕾舞步轻盈地踮脚走来走去，选个最适意的姿势，把两个前爪收回到身体底下，然后踏踏实实地在我的左胸口上睡下，而我总会把她挪到右胸口上。

在四猫之妈、韩国作家李周禧看来，与猫共度的夜晚有以下几个特点：

——我不会知道猫到底会在哪里睡觉，哪怕是一次，我也想和它躺在一起睡；

——它一定要在我的双腿之间睡，让我冬夜不能动，只能伸直了腿睡；

——即使猫毛进到鼻孔里或嘴里，也只能忍着接着睡，因为它一定要睡在我枕着的枕头上睡觉；

——它一定会在我睡觉的时候哒哒哒地跑来跳去，在我的脸上或肚子上踩来踩去，这就是家常便饭；

——睡着睡着就会感觉呼吸不畅，无法动弹，就像被什么压住了一样，醒来一看，我的胸口上趴着一只猫。

……

虽然有这么多的麻烦，但她最后总结道："我的四只小猫咪给予我的——是深夜里的宁静，是深夜里令人怦动的关爱。痒痒的毛，咚咚跳着的心脏，软软的脚掌——那本身就是一种安慰的猫咪们！使我进入喵星球的西西、梅、火炭、阿童木，我对它们的感激之情无法言喻，正因为遇见了我的猫咪们，我才成为一个温暖的人，也正是它们让我变得想要成为一个好人。"

Amy是我家猫娃里少有的几个做过妈妈的猫咪——其他猫咪尚未来得及做妈妈就不得不接受了绝育手术，所谓长痛不如短痛嘛。所以，Amy对每一只新来的小猫都特别关照，小猫们也都愿意把她当作妈妈。经常看见Amy搂着小猫睡在仿佛为她量身定做的黄色向日葵花瓣形状的猫窝里。凝视着睡在向日葵猫窝里的Amy时间久了，这黄白毛色的猫儿和那朵朵黄花瓣就仿佛融在了一起，分不清哪是花瓣哪是睡猫了。

最喜这源于北美洲、被多国奉为国花的草本植物，仅列其别称就知道它有多值得赞叹了：向日葵、朝阳花、望日莲、转日莲、向阳花、太阳花……"更无柳絮因风起，惟有葵花向日倾。"只要撒颗种子，向日葵不择地皆可生，无论是千里沃野还是干旱、瘠薄、盐碱、洪涝之地，给点阳光就灿烂，星星之火可燎原，用短短的一生谱写一曲光明之歌。

在这个对它们远非友好的人世间，一看见向日葵就由衷地希望全天下所有的猫儿们和其他动物朋友们都能拥有如向日葵般强韧的生命力，向阳，向阳，向着太阳圆满地绽放生命之美。

Amy有一项本领是其他猫咪不具备的，那就是会爬梯子。由于麻麻我晒被子、做卫生、取东西等时常用到梯子，Amy便有了许多练习的机会，越爬越快。其他猫咪只能望Amy兴叹，心不甘者或以跳高代替爬梯试图企及，为Amy所不齿。

爬梯子干什么呢？读书！

高高的开放式书架前常备梯子一架。想读书时踱到书架前，才刚把灯打开、梯子架好，Amy早已噔噔噔地爬到了梯子的顶端，从那里跳到她感兴趣的那层书架上。窄窄的书架边缘只有半本书宽，Amy却如履平地，一本本仔细打量着那些书。当然了，她最感兴趣、最常光顾的是写动物的书，其中又以猫书为最，这也是顺理成章的事。有时，看到哪本书值得推荐，Amy也会喵喵叫着提醒麻麻注意。

她最常停在其前的是《猫国物语》系列绘本。那是一套令人爱不释手、赏心悦目的丛书——"史上最不可思议的猫咪绘本"。作者莫莉蓟野描绘了一个奇幻的猫国"Neargo"，那里的猫儿多又多，那里的人儿真叫好，俨然是一个人猫完全平等、爱为最上法则的理想国度。

Amy没能生在Neargo、没能把她的孩子们生在Neargo，这是她的遗憾。作为一只猫咪，她最大的理想可能就是下辈子托生到那里去。Amy，到时候可别忘了带上张家其他猫娃和麻麻我哦！

吉米·哈利曾获颁过大英帝国勋章，写过荣登《纽约时报》榜首的系列畅销书，却坚持在乡间从事兽医工作50余年，"谦卑、温和、乐观、悲悯"，被称为"一个把心低到尘土，却始终在仰望星空的人"。和麻麻一样，他的"万物"系列，Amy也很喜欢，尤其是其所著的《猫的故事》。

"猫咪在我生命中一直扮演着重要的角色：开始是在格拉斯哥的童年时光，接下来是我当外科实习兽医的时候，如今在退休的日子里，它们依然围在我身边，照亮着我的生命。""这群小家伙都各有特殊的魅力，它们与生俱来的优雅和极度纤细的情感使得我们更加亲密"，这也是他选择兽医作为终身职业的重要原因。作为一名著名的兽医，他观察到一个事实："数以千计的老弱病残从猫咪身上获得了欢笑、慰藉以及友谊，它们正是这些人所能拥有的最佳宠物。"

Amy还爱读一本美国人写的书《永远的好朋友——我和我的猫咪》。作者帕特里夏·米切尔对猫有很深的理解，并这样总结人与猫的关系：

"……猫和人一样，渴望别人的陪伴，渴望他人的爱。猫需要我们提供住处、安全和饮食，反过来，它会给我们一生的爱，给我们带来美好的回忆。猫教给我们如何享受简单的快乐，如何利用勇气和智谋克服困难，如何随遇而安，如何做到达观淡定，如何从容优雅地度过人生的每一个季节……我们当中的每一个人都从可爱的猫咪身上感受到了上帝的慰藉、上帝的微笑和上帝的博大……我身边的每一只猫都是我的朋友。"

既爱读书，热爱写作也就是自然而然的了。由于键盘条件和书写方式所限，猫咪作家们的作品注定是片段式的，经常是只言片语，但深入挖掘起来却仍不失其微言大义。仅举一例说明：

"essssssssss二十四史三首诗生生死死世世"（2010年9月3日）

——"essssssssss"应为笔误，姑且不论。好家伙，一上来就《二十四史》，这起点也太高了点儿吧？这套书并不在麻麻我的书架上而是在奶奶书房里啊，Amy是什么时候看到和喜欢上的呢？

"三首诗"——哪三首诗？海底捞针啊……大费周章后终于搞清楚了，原来是这样三首诗：

作为一只天生的、标准的淑女猫，

娇小玲珑的 Amy 永远把自己收拾得干净整洁，怡人怡猫怡己。

《赠猫》

—宋·陆游

裹盐迎得小狸奴，
尽护山房万卷书。
惭愧家贫策勋薄，
寒无毡坐食无鱼。

《小猫真可爱》

—泰国儿歌

猫呀小猫真机灵，
活泼可爱惹人疼。
小猫听话你过来，
聪明伶俐把腿蹭。
小猫懂得奉献爱，
晚上捕鼠保安宁。
我们应该感谢它，
向它学习献赤诚。

《猫》

—[法]夏尔·波德莱尔

这是常来常往的精灵。
它判断、主宰和启示，

它属下的万事万物，

它是仙女还是神明

……

你别说，Amy 选出的这三首诗还挺有代表性，古今中外都包括在内了。

好了，那最后的"生生死死世世"又是怎么回事呢？莫非是在思考生与死的大事？生命的真谛？希望这辈子努力修行，下辈子、下下辈子不再做猫而做个智慧与慈悲兼具的修行人？也未可知——Why not？

最后说说 Amy 的救水事迹。话说有那么一天中午，正在厨房做着既营养又美味的张氏素炒饭（免费菜谱：1. 食材多样化：芹菜、芥蓝、蘑菇、豆腐干、青豆、玉米粒、胡萝卜、青红椒、黄瓜、葵花籽、南瓜籽、亚麻籽等；2. 所有块状食材切小丁，用素油和海盐低温冷炒；3. 15 分钟内准能吃上一盘香喷喷的什锦炒饭；若再用 5 分钟的时间做个海藻番茄汤就更好了）的我似乎隐约听见一种凄厉急促的声音，是什么声音、从哪里发出的呢？循声走过去一看，只见 Amy 正站在洗衣间的窗台上引颈高叫呢，叫声全不似平日那般柔美！

却原来是洗衣机出了故障！偌大的一台机器边神经质地蹦跶个不停，边哗哗地漏水，眼看水就要溢出洗衣间了……

一场水漫金山就此避免了，奶奶说真该给有功之臣——我们 Amy 美玲珑颁个勋章啊！尤其值得表扬的是，Amy 并未因此居功自傲，而是继续巡视在张家猫窝的各个角落，确保一方人猫平安。

这正是：好王寅救苦难雨夜公园猫一家　美玲珑淑女猫腹有诗书气自华

动物是我们的家人，值得我们以爱和尊重对待它们，就像对待其他家人般，它们对人类和动物都用情至深。动物为我们带来无数欢乐笑声，它们是我们最亲爱的家人和最好的朋友，因此，很多人在心爱的动物去世时，都难以承受锥心之痛。

——【美】卡罗·葛尼

🐾 喵星人小档案

姓名：张小花儿；又名：花儿
生于：2008 年 3 月
卒于：2008 年 9 月 17 日
享年：6 个月

收养日：2008 年 4 月 28 日
收养地点：张家小区 8 号楼前
性别：女生
毛色：三花猫（白、黄、黑三色杂糅）
眼珠：黄宝石色
性格：极亲人 + 亲猫

从来不需要想起 永远也不会忘记

多年前读到一首写猫的英文小诗，喜爱之余，把它译成了中文：

《猫儿是什么？》

柔情的眼儿阅尽世间百态，
温软的爪儿轻触你的心底。
小呼噜是"平安无事"的信号，
传递出语言无法表达的爱意。
以不失骄傲的优雅姿态，
在身边安静地陪伴着我们。
友谊日益增长历久弥新，

无怪乎我们如此地爱它们。

在猫儿与人类"日常的陪伴与共同的生存"中，喜爱日增，友谊弥深。但基于猫寿通常明显短于人寿这一事实，临了临了，别离的时刻终会到来，生死必将我们阴阳两隔，于是就有了无穷无尽的依恋与不舍、故事与传说……

"动物会比我们早走，很多人怕伤心，所以不敢养他们；我当然也怕伤心，但是，我不会因为害怕，就不去爱。最重要的是爱的过程。我们爱过的，在这宇宙之中，我们虽然是不同物种，但互相给予过温暖与温情，那就足够了。"台湾"畅销书天后"吴淡如在《樱花树下的爱》中对她的独生幼女如是说。

我自己的体验又何尝不是如此？"从 2003 年收养第一只猫咪灵灵到现在，我已然经历了多少悲欢离合生老病死？家有多个喵星人并不能减轻失去其中任何一个时的悲伤。不久的将来，在这个连载里，再痛我也要把他们写出来，为了纪念那些曾经活在这个远非美好的世界上的美好生灵。"在励志猫 Lucky99 的故事连载里我曾经这样写道。

"猫咪短暂的寿命就像人类生命的一个缩影，将浩瀚的几十年时光浓缩在十几年里。"即使是那些寿终正寝的猫咪也不过十几二十年的寿命，更何况在凶险的人间苦苦求生存的喵星人，又有几个能善始善终颐养天年的？

小扣子、津津、路路、小花儿、破五、兰兰、咪娅、小金子、小 Mu、芽芽、团团、圆圆、平平、安安、两只连名字都没来得及取的小娃娃……你们在那边过得还好吗？

一个名字一种心痛。Gone but not forgotten. 你们已离我远去，但却从未被遗忘。原本就是偶然落入凡间的精灵，现在回家了。

劫后余生的天津猫津津、大年初五捡回家的破五、王寅路遇的老实孩子路路、当了奶奶几年贴身小棉袄的咪娅、辗转多家的苦命娃芽芽、从拉面馆来的诗人猫兰兰、一窝小病猫团团圆圆平平安安、蓝眼睛的白娃娃……

小扣子，你的离去是我从 2003 年收养第一只猫咪灵灵以来所经历的第一次生离死别。那是 2006 年 7 月 10 日晚 9 点半，麻麻我哭干了眼泪……小扣子，感谢你陪伴麻麻走过了 145 天的日子，有你的日子多么甜蜜、多么温馨、多么幸福。你是上天派来的天使和精灵，你永远活在麻麻我、憨子、虎姐姐和小黎黎的心里。

小金子，因为你是我从骄阳下的金融街上捡回来的，故取名"小金子"。那么小、那么弱，身上那么多蹦跳着的跳蚤！没的说，第一件事就是洗澡，洗啊洗啊，终于洗干净了，再不让你饱受跳蚤叮咬吸血之苦了。第二天，带你去医院看病后直接去素虎聚餐，所以，蒋劲松叔叔、郭鹏阿姨、龙缘之姐姐都见过你、抱过你。第三天早上起来发现你正在抽搐，小小的身子抖个不停，忙把你抱在怀里，怕你冷，用毛巾盖上。继续抖，越来越厉害……突然，一切都停止了。你走了，是作为一只得到过爱的猫儿、一只有名字的猫儿走的。

小 Mu，走得很平静，有尊严。你知道，胞妹小 Ku 将会得到很好的照顾，无须你牵肠挂肚，所以，你放心地去了，嘴角还挂着微笑。

小花儿，你的意外猝死又是其中最不思量自难忘的。之所以痛彻心扉，盖因悲剧的结局原本也许可以改写……被捡回家是在 2008 年 4 月 28 日，到 9 月 17 日不慎坠楼离世，不足 6 个月的生命，170 多个日子。痛定思痛的我写了篇题为"生如夏花——纪念一个在世上只活了五个月的美丽生命"的文字纪念你……

出生于 2013 年 9 月 1 日的 Lucky99 自然没有见过花儿。花儿生于 2008 年 3 月，卒于当年 9 月 17 日。隔着 6 年的时空，Lucky99 又走进了当年花儿生活过的家——张家猫窝。如果 Lucky99 是个够细心的孩子的话，她应当能观察到与花儿有关的丝丝缕缕的痕迹，包括但不限于：美国友人 Rosa Close 给小花儿做的纪念图片还贴在墙上；小笛子——花儿的同胞姐姐——还好好地活着，每天在她最喜欢的那个老虎靠枕上"踩奶"不止，边踩边思念她那不幸早夭的小妹妹；2009 年从天而降的花儿二世即花儿朵朵，是跟花儿长得最像的吾家第二只三花猫，每天被"花儿花儿"地叫着，不知情者还以为她本来就叫"花儿"呢……

奶奶常弯下身子问那个像个小人儿似地坐着的小笛子："小笛子想小花儿妹妹了吗？"又常对花儿二世说："从前的那个小花儿啊，可是比你还要乖哦！"

如果时光能够倒流，那是 2008 年 4 月 28 日。一大早，本应下午才来的小时工小李就按响了门铃，一开门，只见她手里举着个鞋盒，里面是两只刚满月的小猫！小李说她早上来上班经过小区 8 号楼时，看见台阶下垃圾箱旁放着两个鞋盒，每个鞋盒各装着两只小猫，另外那个鞋盒里的小猫因为长得可爱刚被人拿走了，这两只丑，没人要，所以她就给我们送来了……

我给这俩"不速之客"起名为"小花儿"和"小笛子"，因为小笛子个头儿大些，就权且让她当了姐姐。小花儿的可爱是与生俱来的。第一次用猫砂盆她就变换各种角度刨啊盖啊，一丝不苟，有模有样。小笛子笨，是个甩手掌柜，上完厕所就开跑，每次都是妹妹小花儿负责善后。小花儿又天生地亲人，跟奶奶尤其亲，奶奶一把她抱在怀里，她就安安心心地闭上眼睛睡觉觉，百试不爽，这一点 Lucky99 颇似得了小花儿的真传。

楼下的邻居田田姐姐不仅自己来看这俩新来的娃娃，还把她几个喜欢动物的同学也带来看猫。其中的"国标舞姐姐"对小笛子一见钟情，一心要领养她。虽然舍不得，但奶奶说家里的猫太多了，有人喜欢是好事，这个跳国标舞的女孩子看上去很懂事、很靠谱。结果，不到一周小笛子就被"国标舞姐姐"给"退货"了，原因是——小笛子把她们家的小狗给咬了！后来奶奶常说小笛子真聪

花 儿 和 所 有 的 小 天 使
在 天 堂 里 了 。

明，她是用这种极端的方式说明自己不愿离开这个家、离开小花儿。直到今天，奶奶还常常抱着小笛子、摇着小笛子说："咬小狗的笛笛！咬小狗的笛笛啊！"

　　谢谢你回来，小笛子，谢谢你至今还好好地陪着我。看见你就想起小花儿，小花儿的生命在你身上延续着。小笛子，你不仅是为自己活，也是为小花儿妹妹活啊。一定是对花儿的思念太深，心里容不下其他任何喵星人，小笛子至今仍是独往独来，形只影单，从不与任何一个喵星人过往甚密。

　　小花儿往生后，美国反皮草协会（Anti-Fur Society）和中国动物之友协会(People For Chinese Animals) 的发起人 Rosa Close 不仅发来唁电分担我永失花儿之痛，还给我讲述她家几个猫娃的离世经过，说她至今尚未彻底从悲痛中走出来。最后，她还给我发来一张她做的图片，小花儿的头像在正中间，四角是四个天使，下面的文字写道：

　　"Hua is in heavens with all the little angels!"（花儿和所有的小天使在天堂里了！）

　　6年后的今天，当我凝视着这张图片，眼里仍有泪，心中尚有痛……但更多地，我已经知道什么才是对小花儿最好的纪念，那就是，化悲痛为力量，把对她的爱延伸到花儿二世、Lucky99、被活体抽取胆汁的月亮熊、被虐杀虐食的野生动物和其他所有还活着的大小天使身上来。远在新西兰的动物守护神金椒妈说："小花儿是带着使命来到人间的漂亮小天使。"这一使命在我看来，就是通过她的夭折来昭示生命的脆弱与无常。所以，对小花儿最好的纪念不是沉溺于悲伤与自责中不可自拔，而是深刻体悟这生命的真相，从而更加珍惜每一个当下，诸恶莫作，众善奉行。

动物是如何看待死亡的？也许可从美国导盲犬机构训练主管奥森博士的这首诗中找到答案（诗中"上帝"一词可指你所相信的任何高等生命的存在）：

> 上帝问猫咪的灵魂，
> 你准备好回家了吗？
> 啊，是的，准备好了。
> 珍贵的灵魂回答说。
> 作为一只猫，你知道我最有能力
> 为自己决定任何事了。
>
> 那你要回来了吗？上帝问。
> 很快，长胡须的天使回答，
> 但是我必须慢慢来，
> 因为我的人类朋友会受不了。
> 你看，他们需要我，那是肯定的。

可是他们不明白吗？上帝问。

你永远都不会离开他们？

你们的灵魂交织在一起，直到永远。

没有什么被创造，也没有什么被毁灭。

一切都如是……永远永远。

他们慢慢会懂的。

美丽的猫咪回答。

因为我会在他们的心中耳语，

我永远和他们同在。

我一直都在 ……永远永远。

这正是：天不假年小花儿倏然而逝兮 爱永相随小笛子心有戚戚焉

猫是理智、情感、勇敢三德全备的动物：它扑灭老鼠，像除暴安良的侠客；
它静坐念佛，像沉思悟道的哲学家；它叫春求偶，又像抒情歌唱的诗人……

——钱锺书

🐾 喵星人小档案

名字：Mu-Chan；又名小 Mu、暮禅，
　　　兄，约生于 2001 年（2011 年
　　　11 月 7 日往生）
名字：Ku-Chan；又名小 Ku、苦禅，妹，
　　　约生于 2001 年，13 岁

正式收养时间：2008 年 6 月 10 日
收养地点：北京朝阳区公园大道公寓
毛色：短毛狸花猫（Mu-Chan 近黑
　　　色；Ku-Chan 深褐色）
眼珠：绿宝石色
性格：亲人 + 兄妹俩相亲相爱

小 Mu 和小 Ku—— 来自香港的小兄妹

　　Ku-Chan 和 Mu-Chan 是我的前上司 Paul 的前妻洋子多年前在香港收养的两只流浪猫。2007 年随 Paul 调来北京定居。2008 年，遭遇婚变的 Paul 把它俩塞给我后跳槽回到香港，可谓始不乱终却弃矣。

　　从前，无论走到哪里，Paul 与他的美籍日裔妻子洋子都是最令人艳羡的一对"金童玉女"，不仅郎才女貌，而且郎貌女才。毕业于常春藤名校的 Paul 先后供职于美国几大著名财经媒体，高大帅气，长得颇似英国电影明星科林·弗思（Colin Firth）；洋子五官精致、身材高挑，曾任电视台主播。两人还育有一对可爱得不能再可爱的美日混血儿女。

　　Mu-Chan 和 Ku-Chan 是洋子给两只猫咪起的日本名字，到我家后奶奶念不出"Chan"的日语发音，索性把俩猫唤作"小 Mu"和"小 Ku"或"Mumu"、"Kuku"。小 Mu 和小 Ku 是兄妹俩，当然早已绝育了。

　　2005 年，我在他们香港的家中第一次见到小 Mu 和小 Ku。当时，它俩躲在一张长长的原木餐桌底下不肯出来，尽管如此，我还是设法抱了抱两个娇娃娃，Paul 和洋子两口子见我这么喜欢它们都很开心。

2007 年 7 月，Paul 被派驻北京，全家随之搬来，住在朝阳公园南路公园大道一间将近 400 平方米的高档公寓里。记得很清楚，小 Mu 和小 Ku 跟他们全家一样是坐商务舱来的。因为公园大道的公寓尚未准备好，他们一家需先在某高级酒店住上半个月，所以，小 Mu 和小 Ku 一下飞机就被那家著名的国际宠物托运公司送到我家暂住。

别以为商务舱有多舒适、宠物托运公司有多负责，路上出了事故！小 Ku 的猫旅行箱被摔坏了，小 Ku 严重受惊，等俩猫被送到我家时，原本和小 Mu 一样大的旅行箱已经换成了一个小号的替代品。原本就属精神紧张型的小 Ku 连续遭遇长途旅行、旅行箱事故和陌生环境，不明就里的她以绝食抗争，几近脱水。洋子和我连忙把她带到新天地国际动物医院，小 Ku 被诊断为急性胰腺炎，住院治疗一周。与此同时，Paul 和洋子愤怒地与宠物托运公司交涉，最后似乎是以那家公司全额退还托运费并支付小 Ku 的所有医疗住院费用而告终。

后来看到金毛狗儿 Mars 交付南航托运后不幸惨死的事故报道，完全理解 Mars 主人的伤心欲绝和对拒不道歉的运营商南航的极端愤怒。

康复出院后小 Ku 直接去了公园大道的"豪宅"与哥哥小 Mu 聚会。公寓大而无当，缺少一个正常家庭应有的温馨氛围。经夏入秋，不到半年光阴，这对夫妻的缘分也走到了尽头。先是洋子带着两个孩子飞回香港"度假"，一到那里便提出离婚，再也不回刚在北京安好的家了。这对毫无思想准备的 Paul 而言不啻惊雷一枚，他焦头烂额地赶紧飞到香港去"解决问题"，希望洋子能回心转意。

俩猫娃被留在北京，说好由保姆照顾。但正如我所担心的一样，那个自称不喜欢任何"带毛的玩意儿"的老保姆根本没做到每天去打扫卫生和给俩娃娃换食换水。两个可怜的娃娃,无论什么时候去看他们,都只见他俩蜷缩在一个婴儿摇篮里,紧紧地依偎在一起相依为命。那么大的房子、那么小的两个小生命,对比鲜明。可知一个家再大、再豪华,如若没有爱,没有温暖,就是个地狱。对人如此,对猫儿也不例外。

长话短说。Paul一到香港就了解到洋子"蓄谋已久",离婚案山重水复,再不会有柳暗花明的又一村了。不久,他就狼狈不堪地辞职从北京回到了香港,跳槽到一家著名的跨国公司,因为他需要挣更多的钱来养活那娘儿仨以及支付高昂的律师费。离开香港不过半年,他俩已经从两口子变成了两家子,俩孩子跟着妈,租了间不错的公寓——当然是孩子们的爹埋单啦。倒了霉的Paul委身于一间区区70多平方米的"蚁穴"里,跟他们离港赴京前的居所和在京期间的短暂居所相比,那可真是天上地下啊,而且还成天出差。

小Ku和小Mu可咋办啊?这对分道扬镳的昔日鸳鸯在这一点上倒是出奇的一致:交给我照顾!还美其名曰,这是他们所能想到的最好的结局,比让两个猫娃跟着他们颠沛流离闹离婚强多了,否则,无论跟他们俩中间的谁也只能是受苦。虽然觉得这俩人不负责任,但在当时那种情形下也只能如此,又是一次典型的"没办法"……就这样,小Ku和小Mu这对小兄妹便于2008年6月10日正式入住张家猫窝了。

起初,我常常对小兄妹说:没见过比你们俩的美国爸、日本妈更不靠谱的粑粑麻麻了。每闻此语,它们便若有所失地望着我,神色黯然。后来我读懂了它们的心语:人可以无情,我们可不能无义啊。我知道,在它们的心灵深处,仍然给Paul和洋子留有一席之地。

小Ku比小Mu可认生多了,乍一看这么多猫族同胞,小Ku天天那个叫啊!

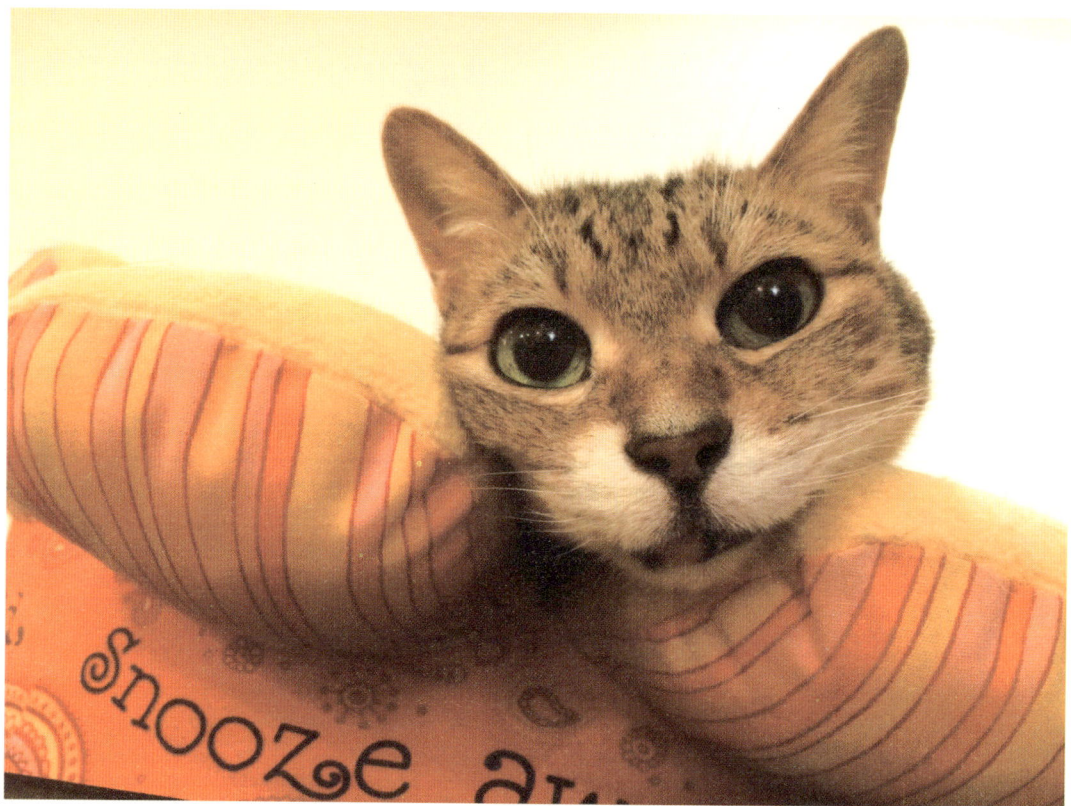

淑女猫小 Ku 的凝视常常让你觉得她能读懂你的心思，

尤其是，那种凝视是那么……神圣。

谁经过她身边或因好奇而嗅嗅她，她就会被吓得魂飞魄散，扯开嗓子狂叫，凄厉无比，惊天动地，外人听了准以为发生了什么惨剧血案呢！好在胞兄小 Mu 气质沉稳，有他的精心呵护，俏娇娃小 Ku 不久便渐渐消停下来了，接受了与众猫娃同居共处的无奈事实。将近 6 年过去了，直到今天，但凡有她讨厌或害怕的家伙经过时她还是会夸张地大叫一声，不过也就如此而已。

2011 年 11 月 7 日，哥哥小 Mu 因病逝世。那段时间奶奶常问小 Ku：

"小哥哥呢？小哥哥去哪儿了？小 Ku 想小哥哥了吗？"

怎么能不想呢？小 Ku 着实难过消沉了一阵子，好不容易才恢复了常态，生活总还得继续下去啊。一个明显的变化是，哥哥不在了，她成了麻麻我的铁杆小棉袄。无论是在电脑上工作还是卧床休息，她都会静静地坐在一旁，用她那双绿汪汪的大眼睛——新萍所称的"丹凤眼"——目不转睛地望着你。若一时顾不上她，她便有节奏地将一只像戴着薄薄白手套的纤纤玉爪轻按在你的手背或胳膊上，让你不得不从工作中或阅读中转过头来与其对视、对话。

"小 Ku 是麻麻最乖的孩子了，最最懂事了，最懂感情了，对不对，小Ku？"

"喵！"

"小 Ku 永远是麻麻最贴心的小棉袄，对不对？"

"喵！"

这样日常的对视与对话最后均以握手（爪）结束：

"握手握手！加油加油！喵呜喵呜！"

凡叫必应，不拒被抱，彬彬有礼，才貌双全，小 Ku 天生就是一只淑女猫。

淑女猫小 Ku 的凝视常常让你觉得她能读懂你的心思，尤其是，那种凝视是那么……神圣。是的，神圣。也许就像一位西方人所说的那样，通过心灵感应，猫儿"能够与其主人进行高度机智的、有揭示意义的交谈"。那么，麻麻我能读懂她的心语吗？我知道，她一定是在对我说：

"麻麻麻麻，你有我们大家，你有 31 个孩子，而我在哥哥小 Mu 走了以后就只有你了，只有你啊麻麻。拜托麻麻和小 Ku 就像现在这样相望相知相守，直到永远永远、永永远远……好不好麻麻？好不好啊麻麻？"

万籁俱寂的夜里，小 Ku 总是先以麻麻我的心脏部位为中心绕上几圈，然后从右肩部往被子里钻，进入被窝后还要来回变换好几个姿势，最后找个最舒服的位置以最舒服的姿势睡定，像只小火炉似的暖着我的身体，也不闷得慌。

"嗯……唔……"即使是在睡梦中，即使是在被窝里，只要轻唤她的小名，小 Ku 也会从睡意蒙眬中抬起头来这样贴心地应答，仿佛在说："虽然我睡得正香，但我从不会对叫我小名的人置之不理，那样的事我小 Ku 才不会做呢。"

"动物是很棒的朋友，它们从不发问，从不批评。"英国小说家乔治·艾略特有感而发道。岂止不发问不批评，而且只崇拜只赞美，试问，任谁能 hold 得住啊！

小 Ku 在日常生活中还有一个"神圣的"细节，那就是饮水。如果水碗里的水所剩无多，她宁愿耐心地等到麻麻换新鲜水来。无论什么时候换了新水，她总是第一个知道，第一个出现。面对一满碗波纹荡漾未定的清水，小 Ku 才不会像湾湾等男孩儿们那样牛饮得满脸、满地都是水呢。也许是因为意识到水乃生命之源，所以小 Ku 有一个自创的饮水仪式。只见她先围着水碗环绕三匝，然后分别用左前爪和右前爪在水碗底下的餐盘上象征性地轻挠几下（水碗和食盆都安放在餐盘的碗架上），最后将小脸侧贴着水碗的一边轻轻啜吸，如饮甘露，饮之良久。

"水啊水,晶莹剔透的水啊,你是多么美妙,多么珍贵,每饮一次都如同新生,你——知道我小 Ku 的感恩之情吗?"小 Ku 这样默诵着对水的由衷赞美,完成其饮水仪式。

不要以为我们酷爱读书的小 Ku 一定读过日本作家江本胜的《水知道答案》一书,故熟知其"赞美理论",麻麻的书架上没有这本书,小 Ku 对水的赞美完全出于一颗感恩之心。

原本不喜与这么多喵星人同居的小 Ku 在读完小泉纱代的《猫咪的 100 个秘密》后释然了,在保持独立性的同时,她放下身段,与其他喵星人和平共处,甚至还尝试着去发现其他喵星人"闪闪惹人爱的魅力之处"。每有来客造访,张家猫窝的迎宾官和招待猫胖淘儿都会一溜烟儿跑到大门口迎接,而小 Ku 则会在客人进入房间后用自己绝妙的喵声和乖巧的表现给客人一个惊喜。

"猫,即使到了最后一刻,都会安静地守护着你。"韩国作家李周禧说的没错,我家小 Ku 就是这样一只擅长静静陪伴与守候的淑女猫。

胸藏文墨虚若骨,腹有诗书气自华。"张家猫窝最勤奋的猫咪作家"这个头衔小 Ku 可是当之无愧的,所以啊,除了淑女猫之外,小 Ku 还是一只作家猫哦。考虑到麻麻的自尊心,爱读日文书和韩文书的小 Ku 写作时没写日文和韩文已经够照顾缺乏语言天赋的笨麻麻啦。让我们从其长达两整页的喵星文中任选几段试着加以解读吧:

"零零落落零零落落零零落落老两口 nmj"(2010 年 4 月 5 日)

——这一天是清明节,莫非小 Ku 是以心香一炷祭奠她和胞兄小 Mu 和不知葬身何处的猫爸猫妈?煞是悲催啊……

"你不必不必不必不必不必懂懂的啊啊啊啊啊啊啊哈 ERE"(2013 年 11 月 13 日)

胞兄小 Mu
气质沉稳，
精心呵护妹妹
小 Ku。

——看来看去，估计小 Ku 是在苦练"不必……不必……"的造句吧。有些事情你现在不必问，有些猫你永远不必等……（李宗盛词曲、陈淑桦演唱的《梦醒时分》，麻麻我特贴心地替她以"猫"取代"人"）

小 Ku 其他的喵星文以我的水平实在难以破译，缴械投降，退而求其次实录于此，读者诸君见仁见智吧：

"若听日制作制作制作制作沾沾自喜死死死死死死撒"

"登山涉水生生死死散散步斑斑驳驳惨败于新闻"

"第三十希望三宝宝小娃娃"

"这 11 次,,,,,吗的主题"

"得瑟的色色色色色色的水水水水水 qqqqqqqqqq"

……

因为小 Ku 和小 Mu 是来自香港的喵星人，所以当日前收到新萍寄来的一本香港出版的《动物权益志》时，麻麻我和小 Ku 一起挑灯夜读起来。

作者为"感谢这十年间一起成长的两犬十八猫（他们已离开人类世界，却没有远离美妙的自然）"，取笔名"二犬十八咪"以纪念之。小 Ku 因而受启发建议道：嗯，麻麻麻麻，你的笔名可以叫做"31 咪"或"31 个喵星人"啊！

作者"二犬十八咪"把包括流浪猫狗在内的生灵称为"不容于我城的他者"："我们习惯相信过时的谎话：他者与生俱来便自愿为人类服务；只有人才会感到痛苦；他者没有灵魂，心灵不会受创等等。一幕幕被揭露的虐待案件，他者于生产工业中被残害之影像，唾手可得。"

"二犬十八咪"的好友们在推荐序里这样写道：

"远古时代，人类驯化野猫守护农作物，奠定文明发展的基石。如今，走在边缘的街猫被忽视、被捕捉、被'人道'毁灭、被虐待……观念上城市人已从大自然中分割开来。现实里社区动物融合在城市当中。让我们花一点时间，聆听社区动物的声音，尝试了解它们的一切，重拾我们忘记了的根本。"——香港摄影记者叶汉华

"……看到虐猫虐狗的新闻就觉得难过，而且经常发生，文明社会应该引以为耻。猫狗等动物，无需我们的溺爱，需要的是尊重，一种对生命的尊重。生命是互相依存的，不尊重其他动物，很难说会尊重人，会尊重大自然，会真正感受到生活的周全与愉悦。"——香港作家西西

小 Ku 和麻麻我由此想到，在这个由人类主宰、弱肉强食的世界里，猫狗猪牛羊鸡鸭鱼虾蟹这些与我们"形殊体不殊"的"他者"被我们肆意盘剥滥用、生杀予夺、弃之如敝屣的命运正是人类社会最弱势群体的命运。地球不仅是我们的，地球也是它们的。没有人能逃得过行为反作用力，总有一天，被侮辱与被损害的命运将被加之于施与者自身。

饮水思源，感谢洋子在小 Ku 和小 Mu 幼时就从香港的动保组织领养了它们兄妹。祝愿 Paul 和洋子各得其所，重拾幸福。祝福小 Mu 离苦得乐，往生净土。谢谢你们把小 Ku 留在我身边——她是一个再理想也不过的小小良友了。

这正是：美国爸日本妈一对儿香港小兄妹　淑女猫作家猫麻麻的贴心小棉袄

把耳朵附在猫的身体上，就会听到夏日结束时的海鸣般的隆隆声，在猫柔软的体内，和呼吸同步上升、下沉、上升、下沉——就像刚诞生的地球。

——【日】村上春树

😺 喵星人小档案

大名：龟田小队长；小名：龟龟；
曾用名：奥巴马、波罗蜜
生日：2008 年仲夏时节
收养日：2008 年 9 月 22 日

收养地点：北京玉渊潭昆玉河畔街心花园
性别：男生
毛色：白色与黑灰色相间的短毛
五官：眼珠为琥珀色，黑色鼻头，蝴蝶嘴
性格：亲人＋不亲猫

希望世界上就我们仨！—— 龟田小队长

　　1953 年和 1954 年因《老人与海》一书先后获得普利策奖与诺贝尔文学奖的美国记者作家欧内斯特·海明威是个热爱动物的人，但他说过的一句话值得商榷："一旦有了第一只猫，就会想领养第二只。"

　　这句话的问题在哪儿？站着说话不腰疼！当然，如果你碰巧只有一只猫，那领养第二只也许就不是一个需要深思熟虑的问题了。

　　可是，对一个家里已收养有若干只猫狗的人而言，再带一只流浪动物回家意味着什么？更多的工作、更大的开支、更小的空间、更少的时间……

　　试问，谁愿意成天跟猫咪的大小便和呕吐物打交道？谁愿意猫毛满天飞，眼睛、鼻子、嘴巴上粘得哪儿哪儿都是？谁不愿意有张舒适的沙发和一张温馨的床？与这么多喵星人共同生活，我早就把所有沙发送了人，以减免因其抓挠及"嘘嘘"所带来的额外工作量；床上用品也早换上了最旧最结实的，朋友送的精美细软织物根本不敢用、立即转送他人——它们哪儿经得起喵星人的摸爬滚打百般蹂躏啊，妈妈咪呀！

2008 年 9 月 22 日傍晚，同楼的刘美玉阿姨姐妹俩在水科院小区外的街心公园散步时，一只小猫从灌木丛中跑出来，一个劲地蹭她们姐妹的腿。散完步往家走时，小猫竟跟着她们一路来到楼下。老姐俩打电话问我该怎么办，我让她们把猫抱到传达室，我马上下楼。跑到传达室，一眼就看见一只喵喵叫个不停的小猫，好几个人在围观。我问刘阿姨能否收养它，回答说不能。另一位家里有三只名猫的邻居问我：你不能带回家吗？反正你们家猫多啊！……没办法，只好抱回了家。

各种"没办法……"、各种"不得已……"、各种"只好抱回家……"估计这是大部分像我一样的流浪动物救助者们的真实写照。每次一听到"楼下有只烂眼睛的小猫"、"隔壁小区那只老猫浑身是癣，毛都快掉光了"、"万寿路那个军干所又要清猫了"这类消息时心都不由得往下一沉，知道又有"活儿"干了，"麻烦"又来了，家里恐怕又不得不"添丁进口"了……

道理很简单，没有谁会两眼瞪得溜圆满世界寻觅流浪动物，一旦发现便高呼"乌拉"兴高采烈往家带猫带狗的。果真如此，每个志愿者家里早就猫满为患、狗满为患了。每一只最终被带回家的流浪动物最初可能都并不是"被希望"、"被需要"的，千言万语只能归结于缘分。或者毋宁说，这些动物都是自己找上门来的。

"要领养一只猫，需要重大的决定和深重的思量以及无限的责任，但是，在领养了猫之后，关于我的爱是完全不需要担心的。"韩国畅销书《自私的猫咪》的作者李周禧道出了无数救助者的心声。

从来不担心新来的小猫会被家里的大猫欺负，猫儿们都是尊老爱幼的，可懂礼数了。这是个不认生的小不点儿。所有的大猫都凑过来看热闹，表示欢迎。

小猫虽然脏、眼睛发炎，但吃好喝好便开始到处走到处看，好奇心十足。胖淘儿和白珍珠对他最感兴趣，一路跟着他嗅他、舔他。

等洗完澡一看：好可爱的小家伙儿！用浴巾裹好递给奶奶，奶奶把他抱在怀里坐在沙发上看电视。等猫毛干透了，小家伙钻出浴巾，径直往奶奶身上爬去，爬过胸口，一直爬到左肩上才罢休。从此他就认定了这是他的地盘。每天只要奶奶一坐下看电视，他就自动爬到奶奶胸口睡觉，雷打不动，直到今天。

吃嘛嘛香，心宽体胖，一不留神就长成了家里块头最大的猫了——大胖子龟龟！可他还以为自己小着呢，不知道他把奶奶的胸口踩得多重。奶奶总说："哎呀，压死我了！"却还是让龟龟睡在那里……这已经成了一幅独有的画面。

只要哪天没有其他猫娃与他分享奶奶，龟龟独霸奶奶的成就感就别提多高了，此时此刻此地便是全部幸福所在。抬起头来含情脉脉地先看看奶奶，再看看麻麻，看看麻麻，再看看奶奶，那信号再清楚不过了——希望这世上就只有奶奶、龟龟和麻麻，其他人、其他猫都不存在，希望这一刻永远没有结束的时候——可惜有这个愿望的远远不止他一个喵星人。

亲人不亲猫是龟龟最大的特点。不光是与奶奶和麻麻亲，连小时工小胡和小孙也同样受到他的热情接待。龟龟特爱跟人打招呼，声音虽然怪，但眼神和态度可真诚了。即使正在酣睡中，只要叫上一声"龟龟！"或仅仅从他身边走过，睡眼惺忪的他也会勉强把眼睛睁开一条缝喵上一声作为回答，百试不爽，不感动都不好意思。奶奶说他憨。王寅说他话痨。他从小就喜欢睁一只眼闭一只眼——睁的是右眼，闭的是左眼。

以龙龙为代表的猫儿可真怕这个怪声怪气的大块头啊。他经常把龙龙堵在某处，啥也不做，就往那里那么一站或一坐，用眼睛盯着龙龙，嘴里还呜噜呜噜地，乍一听还以为谁在欺负他呢，结果才知道那声音不是从受威胁的猫儿嘴里发出的，而是他这个威胁者在出声。并无进一步的举动——比如出爪打龙龙——可这样就足以让龙龙胆战心惊了。每当此时，奶奶或麻麻都要大喊：

"龟龟你在干嘛？快走开！别欺负龙龙！"

闻听此言，他就会蔫头耷脑地快快而去。

也有那么几次真出爪的。只见他那肥硕的五短身材不动声色，突然间，像一阵风似的伸出一只又短又粗的白毛黑肉垫爪子奇袭对方！嘿嘿嘿——接招！稳准狠！别看他胖得该减肥了，但出手之快却大有迅雷不及掩耳盗铃之势（俺们喵星人都爱这么说！）。男子汉大丈夫嘛，该出爪时就出爪，风风火火闯猫窝！

只要哪个不识相的猫兄猫弟猫姐猫妹斗胆劝他减肥，他就立马答之以加菲猫的名言：

"减肥是一种古老而愚蠢的行为，节食的人就是自己践踏自己的人。一定要记住：'球状也是身材！'圆就是美！我要你们和我一起喊：'我很胖！我很懒！我以此为荣！'那什么，再把体重秤向回拨5磅……"

"龟龟！龟田小队长！"

"就到这儿吧！我要去睡今天的第三个午觉了……"

"龟田小队长！龟龟！"

"好吧好吧，今天我会做俯卧撑的……呃呀呀呀呀呀……今天先俯卧……明天再撑……"

他初来乍到时，美国那边厢奥巴马刚刚在民主党全国代表大会上获得总统候选人提名，奶奶当时对奥巴马颇有好感，故名之曰"奥巴马"，这是他的第一个名字。

一周后的国庆节，我去西安云居寺参加内观禅修十天，心里却一直惦记着他。禅修期间给他起名为"波罗蜜"，这是他的第二个名字。

龟龟从小就喜欢睁一只眼闭一只眼——睁的是右眼，闭的是左眼。

后来有一天，同样救助流浪动物的 Judy 到我家来，进门后一眼看见远处的奥巴马 / 波罗蜜，不禁脱口而出："那不整个一龟田小队长吗？"于是，"龟田小队长"就成了他的第三个名字了，小名"龟龟"，沿用至今。Judy 说龟龟的脸长得太像日本大佐了，尤其是那个黑鼻头和蝴蝶嘴。

后来因为参与反对加拿大对华兜售海豹制品的行动而深入地了解海中精灵小海豹，发现龟龟长得——尤其是神态——酷似小海豹：黑鼻头、蝴蝶嘴、大圆脸、圆眼睛、圆身子、白皮毛……

说到海豹，地球人都知道，它们生活在遥远的北极浮冰上。位于北美洲最北端的经济发达国家加拿大有个不光彩的产业——海豹猎杀业。国际动保组织称："加拿大猎杀海豹是这个星球上针对海洋哺乳动物最残忍和最大规模的猎杀！"随着其血腥本质（被猎杀的海豹绝大多数都是 12 天到 3 个月大的小海豹，击昏后即开膛破肚剥皮）的曝光，美国、欧盟、中国台湾地区等皆先后宣布终止海豹贸易，这几乎给加海豹业带来灭顶之灾。不甘心就此退出历史舞台的加海豹业把中国视为最后一根稻草，"因为中国没有动物保护法，因为中国人不关心动物，中国人无所不吃、无所不消费……"

加拿大人的算盘打错了，中国动保人和各界有识之士几年来用实际行动表明，中国人关心动物，中国人的动保意识正在提高。起步虽晚、起点却并不低的中国动保人不仅勇敢地迎接了全球化背景下的新挑战，而且一举成为抵制某些西方国家对华兜售残害动物产品与项目方面的全球领跑者。

从 2010 年下半年起，中国的动保组织就开始利用各种形式揭露海豹制品背后的真相：举办新闻发布会，向公众介绍加拿大残杀海豹、海豹产品有安全隐患以及海豹业被国际社会唾弃的事实；举办"小海豹 Baby"首唱会，纪念国际海豹日；与中国国际商会等共同举办"拒绝海豹产品、关注动物保护、倡导绿色贸易"的座谈会，指出海豹贸易有违中国追求文明进步的潮流、渲染不道德的商业行为、鼓励不良消费、无视国际生态安全、有损国家形象；张抗抗等多位民意代表提交反对海豹贸易和其他残害动物制品进口的议案；举办"中国人民拒绝海豹贸易海报设计大赛"；在北京中国裘皮皮革制品交易会、大连与上海的国际渔业博览会上，志愿者代表当面向加海洋和渔业部代表递交公开信，欢迎中加两国正常贸易往来，拒绝食品安全无保障的残酷海豹制品；近百家国内动保机构联名向尚在销售海豹制品的网商发出《禁售海豹制品倡议书》，提请其认清销售此类产品的潜在风险与诸多弊端，呼吁其承担企业社会责任，停售在国际上受到强烈抵制的海豹制品……

2013 年 7 月与 2014 年 4 月，中国动保组织的代表还应邀赴加驻华大使馆，与赵朴大使（Guy Saint-Jacques）及渔业与海洋部副部长 Matthew King 分别就海豹制品贸易议题举行了会谈。前者被加驻华使馆官方微博称为"史无前例"的会谈："加拿大驻华大使和中国 NGO 团体举行会议，讨论了加拿大的海豹捕猎。"两场会谈双方的立场是如此截然相反：加方玩儿了命地要把海豹制品卖给中国人，中方则寸步不让地坚决抵制。

作为由民间动保组织联合发起的"全国反对海豹产品贸易"行动的总协调人，我亲身经历与见证了这一历程。中国本无消费海豹制品的传统，中国也不需要培育这样的传统。一旦加拿大觊觎已久的这个世界最大市场得手，将有更多的小海豹幼仔惨遭虐杀活剥，我国唯一的海豹品种——斑海豹的命运也愈发岌岌可危。正像我国目前仍不幸存在的活熊取胆、食用野生动物和猫狗肉等现象一样，有太多的罪恶假传统之名而行。放眼世界，任何传统都须经过时代的检验，与时俱进，取其精华，去其糟粕，使之与当代社会相适应，与现代文明相协调，都必须符合尊重生命、善待万物的普世价值观。

2011 年 4 月，一年一度的海豹大屠杀开始了，雪白的冰原被小海豹的鲜血染红……读着国际人道对待动物协会（HSI）加拿大负责人 Rebecca Aldwards 发自猎杀现场触目惊心的实况报道，我把长得最像海豹的龟龟紧紧地抱在怀里，泪水落在他的皮毛上……然后有了这样一首歌词：

《我是可爱的小海豹》

我的眼神纯又真，
我的模样人人见了都想抱。
圣劳伦斯湾的浮冰是我家呀，
我是海中精灵小海豹。

我还没满月啊，
我还是妈妈怀里吃奶的小宝宝。
请让我活着长大呀，
我要对这世界说："你好！"

我的命运在你手中，
我雪团似的身体里一样有体温和心跳。
我好怕那带钩的大棒，
请别把我变成你身上的"时髦"。

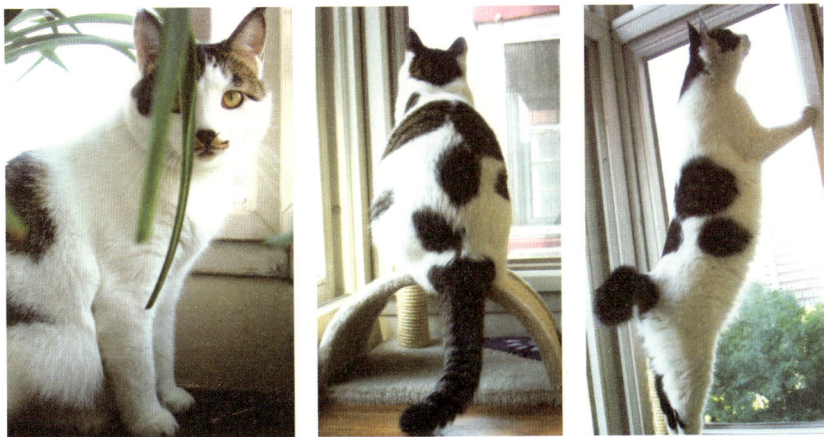

我的眼神纯又真，
我的模样人人见了都想抱。
我是大眼睛的海中精灵，
我是最可爱的小海豹。
……

说完了小海豹的不幸遭遇再说点开心的事吧。

最喜欢拿龟龟的肚子和屁股当枕头睡在上面了。这个世上最好的枕头肉感、瓷实、大小正合适，何况还从里面持续地、规律地发出呼噜声，睡在这样一个肉枕头上什么烦心事儿都不在话下了，真催眠、真解乏、真踏实、真幸福啊，不愧为治愈系猫！

有研究者从物理学的角度指出，猫的呼噜是一种自我修复行为：通过发出声波，猫能够更好地抵御危险状态。猫在打呼噜时发出的声波是位于25—50赫兹之间的低频颤音，与运动治疗和矫形外科医师使用的频率相同。在运动康复治疗过程中，该频率的声波有助于修复骨折与肌肉损伤，加速伤口愈合。为电影配乐的作曲家们也懂得使用这一区间的频率来诱导观众的情绪。

"通过海马和扁桃体之间的回路，呼噜与大脑中和激发恐惧有紧密联系的那个结构使用着同一条路径。听到轻柔的声音时，我们的大脑会产生出一些多巴胺分子，它们被称为'幸福荷尔蒙'，关系到我们的睡眠和情绪的质量。猫的呼噜可以起到安慰剂的作用……"

科学家一个最新的发现是：猫的呼噜还可以缩短时差反应的时间，减轻时差造成的疲劳感。

除此之外，英国作家霍华德·洛克斯顿还认为："猫往往能对人类的不幸和痛苦作出反应，仿佛它们清楚这一切……猫（还有其他宠物）不仅能够帮助防治忧郁症和精神病，而且对处于康复期的病人也大有裨益。"

既然说到村上春树，那就不妨坦率地承认龟龟也有……那什么……作家梦哦。有一天，龟龟用他的"熊掌"在麻麻我的键盘上踩下了"哦了"俩字儿。"哦了"？啥意思？上网一查，有了：

1. 东北地区的口头禅，意思是"完了"，事情办妥了；

2. 网络流行语言：通常为"哦"，一般不加"了"，意为知道了，明白，完成，没问题。因为加了一个"了"，让原本单调的"哦"生动起来，同时，也让"哦"字的意思从进行时变成了完成时，就像英语单词中的"over"一样。

没看出来，龟龟还够新潮的啊。没准儿他前世与东北有缘呢，难怪一出爪就是二人转的路子。当然了，他的熊掌还曾踩出过其他文字，比如：

"你棒棒棒棒棒棒棒棒棒棒棒棒棒棒棒棒棒棒棒棒棒棒棒棒棒棒棒棒棒棒棒

棒棒棒棒棒棒棒棒棒棒棒棒棒棒棒棒棒棒棒棒"（2014年1月19日）

——这是在夸谁呢？无论被夸的对象是谁，是猫是人还是啥，看得出龟龟是真心地觉得 TA 棒，棒得无以复加。暗暗希望龟龟麻麻我是龟龟不惜血本猛夸的对象，嘿嘿。

从以上两个例子不难看出，龟龟的文学天赋实在不敢恭维。找个时间麻麻我要巧妙地、貌似随意地、不伤自尊地对他说：

那什么，不是谁都能当作家的。作家的确是个码字儿的活儿，但也不能一码字儿就"哦了"或"你棒棒棒……"啊，这也太口语化了吧？再说了，写作的事儿怪累心的，就交给村上春树啊、夏目漱石啊、多丽丝·莱辛啊、爱伦·坡啊他们去做吧。至于龟龟你呢，眼下最重要的任务还是继续爬到奶奶的心坎位置上去睡觉觉和给麻麻当肉枕头吧。

所有猫里数他个头最大，也数他胆子最小。一听见门铃声或陌生人的声音就逃得无影无踪，最多也就是远远地伸出半个头看看是个啥情况。奶奶感叹道："把这些家伙养得这么好有什么用啊？还能指望他们遇到坏人时挺身而出保家卫国吗？一个个脚底板抹油——溜之大吉！"这样说也有点以偏概全，Amy 美玲珑就有勇救水灾的英雄事迹啊。

龟龟也好，其他猫咪也罢，虽不能以一当十冲锋陷阵，可这么多年来张家猫窝从未被窃被盗过，没准儿就是因为有一众猫武士坐镇，小偷大人们不敢登门造次了呢。其实，私下里我也曾想象过猫武士们直扑盗贼、抓咬挠踹、百般武艺齐上阵、打得贼娃儿们狼狈鼠窜的壮观情形。再说了，它们给我们带来的欢乐和慰藉又岂是语言所能尽表的？

这正是：大块头胖龟龟亲人不亲猫　睁只眼闭只眼独霸奶奶心

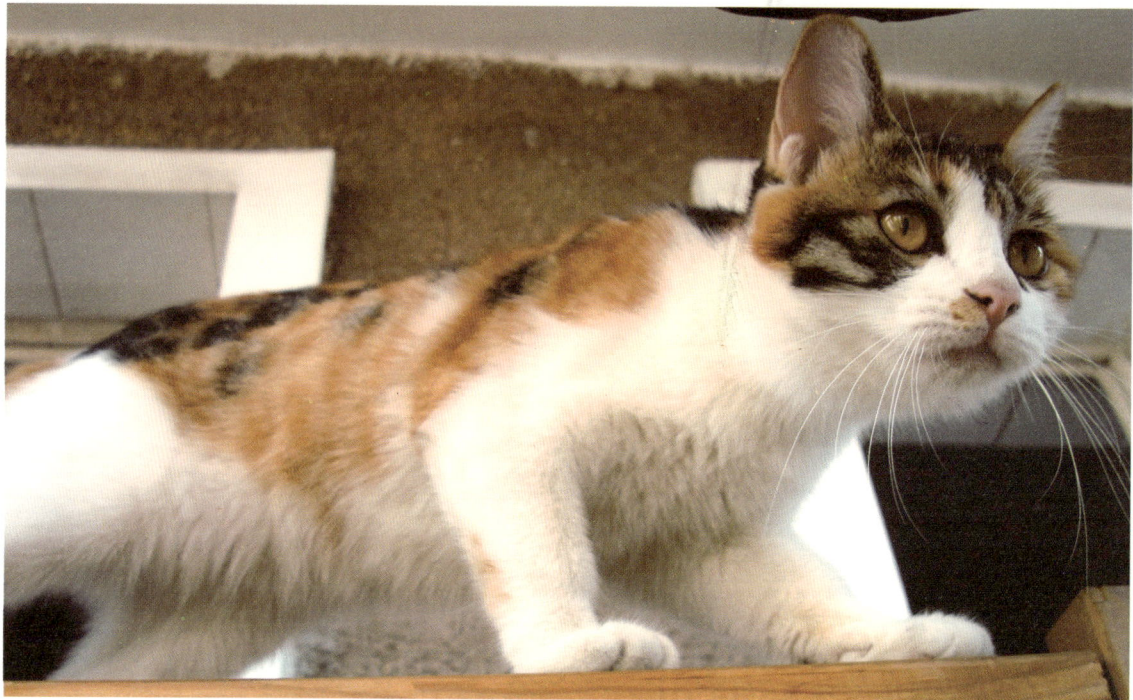

猫可能会因自己的"差事"离开我们，然而，它迟早会回来的，稍作逗留，用它特有的方式向我们诉说着心中的爱恋。

——【美】劳埃德·亚历山大

🐾 喵星人小档案

全名：花儿朵朵；又名：花儿二世；小名：花儿
生日：2009年4月中旬（推算）
收养日：2009年7月19日

收养地点：家门口
性别：女生
毛色：三花猫（白、黄、黑三色杂糅）
眼珠：黄宝石色
性格：亲人＋亲猫

花儿朵朵—— 用剪刀法找回来的猫儿

截止到 2014 年 9 月 1 日，张家猫窝共有 33 只常住猫，它们每一只都有自己的来历、故事和性格，但几乎均可一言以蔽之曰：昔日流浪猫，今朝幸福娃。所有猫娃中，只有她——花儿朵朵——是真正从"天上"掉下来的。

那是 2009 年 7 月 19 日，一大早就响起了门铃声，赶快起床去开门，是清洁工孙师傅。

"你家是不是丢猫了？"

"丢猫？没有啊……"我在大脑里迅速挨个扫描。

"我还以为这只小猫是从你家跑出来的呢！"

"小猫？在哪儿？"

孙师傅指着大门外侧的角落。我赶紧走出去关上门，这才看见了她——一只约三个月大的小三花猫。跟其他猫儿刚被发现和带回时不同的是，这只小三花猫看上去干净、健康，完全不像流浪猫，而且，我家塔楼底楼只有一扇大门供人进出，需用门禁卡，小猫从外面跑进来、爬到我家所在的五楼的概率不大。孙师傅和我一致认为，小三花猫一定是楼里的居民扔到我家门口的。

会是谁扔的呢？我向孙师傅道了谢，把小三花猫抱进了家门。接下去做了两件事：一是让她吃喝拉撒，二是拿出纸笔写认领启事，写好后贴在每层楼电梯口、楼下大门内外及传达室外。一天、三天、九天过去了，石沉大海。放弃吧。明摆着是被人故意抛弃、故意扔给你的，怎么会有人出来认领她回家呢？

新来的小三花猫具有极强的自我保护意识，她快速地侦查了一圈后占据了西阳台的一角，以猫爬架和猫窝为堡垒，进退有据。我端着清水和刚打开的妙鲜包试图送到她面前，她却一边步步为营地后退一边对我龇牙咧嘴地示威。对代表众猫娃前来欢迎她的胖淘儿和湾湾亦复如是，简直像个小炸药桶，一点就着。只好把食物放下，离得远远地观察。只见她谨慎地嗅了又嗅，未见异常后才开始大快朵颐。

没用多久就发现这一切表象纯属虚张声势，很快她就丢盔卸甲、解除全副武装了，不仅亲人而且黏人，对其他猫咪也相当友爱。

关于三花猫，网上是这么介绍的："三花猫就是身上有黑、黄、白三种颜色的猫，又名三色猫。因为基因之故，几乎百分之百的三花猫都是母猫。"前面在胖淘儿的故事里已经介绍了艾未未工作室出品的一部揭露偷盗—囤积—贩运—屠宰—食用猫只黑色产业链的纪录片，片名就叫《三花》。还有，日本那位大名鼎鼎的火车站猫咪站长小玉也是一只三花猫。

花儿之所以又名"花儿二世"，是因为在她之前我曾有过一只三花猫——小花儿，小天使在世间只活了5个月……

在花儿二世迄今为止的5岁猫生中，最重大的事件莫过于在她1岁多时所遭遇的失而复得了（2010年12月18日失踪，29日找回）。

2010 年 12 月 18 日，不顾我的万般叮嘱，装修工没把大门关好，好奇心重的花儿因此走失。我立即开始了长达 11 天的寻花儿之路。

最初的 8 天里，朝思暮想上天入地求之遍，曾在夜色中的自行车棚旁依稀见到过一次花儿的身影，听见过两次她变了声的呜咽和哀鸣。可能是被彻底吓蒙了，她就是不肯出来。可怜这个自天而降到我家门口的宝贝又成了流浪天使……

在北京救助流浪动物的洋雷锋 Chris 建议我带上家里的一只猫咪一起找，这只猫咪熟悉的叫声和气味可能会把花儿引来。于是，夜里十点多带了虎姐姐下楼，结果虎姐姐被吓得屁滚尿流，叫声震天动地，可小花儿连影儿都没有……

"动物经常因为也许是无法商量的原因而离开家。有时仅仅是在寻找冒险，让自己去面对大大的世界。动物离开家的其他原因包括想要回到以前的家，或者当它们觉得在某个家庭的使命已经完成，就会继续向前。最普遍的原因可能是对现有的状况不满意。比如，搬家的忙乱就足够让动物不安而跑走，或者一只刚加入家庭的新动物带来的威胁。有些动物确实是走失了，因为它们被偷走或者被其他动物追逐，或者受惊吓时跑走，而没有注意周围的环境。有时候动物因为主人遇到的问题而承受过多的压力。有时候动物出于对我们的爱而离家出走。一只上了年纪或者生病的动物可能会去外面等待死亡，一部分是出于本能，但也是希望能让家人免于看到它离去时的痛苦——因为，它们的时间到了……"美国著名的动物灵媒和作家卡罗·葛尼在《动物的语言：与动物沟通的七个步骤》一书中历数了动物离家出走或走失的各种可能性。

花儿失踪后，我在博客里贴了多张她的照片，祈祷和呼唤她尽快回家。网友"咪了个猫"看到后给我留言，建议我试用"剪刀法"，并不厌其烦地详细介绍了"剪刀法"的原理与做法：

1）在灶台或炉台上放一满碗清水，在碗上平放一把剪刀。

灶台就是家里的厨房的炉灶处。我选择了两个火眼中间的位置。要点：水一定要放满。

2）把剪刀打开口，开口的方向指向家门或者窗户的方向，然后呼唤猫的名字。

说明1：剪刀口的指向

A. 所谓指向家门或者窗户，这是向猫猫传递一个信息，是要让他或她感受到家的方向，哪儿是他们应该回来的地方。所以应该把剪刀理解成一个在整个时空中的箭头，你用它告诉你的猫猫：家在哪儿，路在哪儿。

B. 所以剪刀的指向首先是一个方向，就是"家"。然后具体到一个点，就是这个"家"的入口（对于猫猫而言）。因此可以视情况指向家门，或者某扇窗户（家中的格局、内墙、隔断等不用去管）。剪刀好比是北斗星，它要指向的就是那颗给迷途的孩子引路的北极星。

说明2：呼唤猫的名字

这里同样强调的是你和猫猫的心灵感应。所以不管是出声还是默念，都应该集中意念，也就是你所要传递给他或她的感受。

3）猫回来后，抓着猫的四条腿，围着灶台／炉台绕三圈，以示感谢。这个用意很明确，知恩图报，不过河拆桥。

4）特别提醒：

猫没找到之前，水碗和剪刀都不能移动。因为每次移动以后，

花儿朵朵是从"天上"掉下来的猫咪。

就等于重新开始生效（之前的等于作废了）。

个人体会：

此法虽然据说绝对灵验，但不管多么神奇的办法，也需要不懈的、持之以恒的、努力的寻找和坚持。剪刀法应该是灵验的，但它的灵验绝不是可以让人高枕无忧或守株待兔地等着猫猫自己回家。而是，它会使那些真诚的寻找不轻易落空……

以上留言是在 2010 年 12 月 24 日午夜时分贴出的，看到后我立即照办——不是都说心诚则灵吗？虽已按剪刀法摆好了水碗和剪刀，但最重要的是片刻也不能停下苦苦寻觅的脚步。花儿啊花儿，你在哪儿啊？赶快回来啊！你那 20 多个兄弟姐妹都在想你、等你呢！

27 日凌晨 4 点来钟，我在自行车车棚前一如既往地走一步叫一声花儿的名字。突然听见车棚后面传来猫叫声，仍是那种呜咽，是花儿！我不停地叫她，她也不停地回应。东西向的长长的自行车车棚是个封闭起来的铁疙瘩，里侧有竖长的锈迹斑斑的铁栅栏，猫咪可穿过。我手里拿着从维修班借来的大号电筒，犹豫着该不该打开，太想看看究竟是不是花儿了，又怕强光会把她吓跑，就这么弯着身子站在车棚外，拼命想借着路灯微弱的光亮寻找花儿的所在，怎奈车棚里堆满了一辆辆落满尘土的各色自行车和三轮车，无论如何也看不见花儿。我决定冒险，从车棚与地下室连接处一个极低的洞口式过道钻了过去，一边爬一边轻唤花儿的名字。

就在这时，紧挨着车棚的地下室那扇狭长的窗户里传出女人的骂声："神经病！天天晚上老在这儿'花儿'、'花儿'的，还让不让人睡了？！"真要命！还是吵到人了！我一个劲儿地道歉："对不起对不起，我家孩子丢了我在找她，我就住在五楼，姓张，明天你上楼找我，我给你一副耳塞，再叫你就听不见了，实在对不起啊！……"那带有外地口音的骂声仍在继续："混蛋！我明天打 110 报警去！"

一阵嘟嘟嚷嚷的嘀咕声以后灯亮了，我的心却凉下去了，因为花儿再也不回应我了。我把音量放小，从东到西从西到东围着车棚来回走了无数个来回，压低声音叫着"花儿花儿"，却再也没反应了。我知道她就在附近。这时，另一扇地下室的窗户里也透出灯光，我担心要是犯了"众怒"对花儿不利，万一她们在我每天放在离车棚很近、楼的两侧凹进去处的猫粮和饮水下毒或出其他狠招，拿花儿出气，那花儿就更危险了，至少再也不敢来了，于是只好偃旗息鼓，对花儿说："麻麻先回去了，回头再来找你啊宝贝，你一定要好好的啊……"

奇迹发生在 2010 年 12 月 29 日凌晨三点半。

抱定不抛弃不放弃的坚定信念，牢记"咪了个猫"关于剪刀法再灵寻找猫的脚步也不能放慢的教诲，每天每夜找花儿不止，夜里下楼的次数越来越多，几乎每夜最后一次下楼的时间都在凌晨。

那天的凌晨两点半左右，我再次下楼。在车棚前走了无数个来回，轻声唤着花儿的名字，却毫无反应。不甘心就此作罢，又绕着小区楼群间的小花园边走边唤花儿的名字，不久就听见灌木丛里传来猫叫声，赶紧竖起耳朵细听，是花儿！

"花儿花儿快出来！麻麻带你回家！你不出来麻麻怎么带你回家啊？听话，乖，花儿快到麻麻这儿来！"

花儿却跟我捉起了迷藏，声东击西，始终不露真容，纵使我借来的手电筒再亮也穿不透那密集的灌木丛，就这样僵持了约 20 分钟。就在一切又归于寂静令我不禁怀疑那到底是不是花儿时，叫声又传来了。这回我干脆趴在灌木丛中的草地上打开手电向灌木丛里照射，一个影子嗖地蹿过去，看不清，只能确

花儿亲人又亲猫。右图穿毛衣者为花儿，当时刚做完绝育手术。

定那不是只白猫，有希望。不停地叫着花儿的名字，让她别害怕。

终于，花儿出现了，11天以来第一次看清千真万确是她！她边向我走来边喵喵地叫着，走几步又退几步，向往着，迟疑着……生怕太过急切反而把她吓跑了，我跪在地上向她伸出双手声声唤着她，她走过来了，我强忍着不向她扑去，远远地向她伸出双手，她终于一头扎进我的双手，让我抚摸她的头，我顺势把她紧紧地抱在怀里，顾不得她身上有多脏，劈头盖脸地狂亲一通！花儿像个受尽委屈的孩子一边使劲往我怀里拱，一边尽情地大叫或者说大哭，仿佛在说麻麻你怎么才来接我啊!？简直不敢相信这是真的！

一进家门，把紧紧贴在我身上的花儿放下，她只愣了片刻便认出这是她的家，安全的、熟悉的、甜蜜的、热闹的家！于是一路欢快地小跑着到每一个房间，跟每个小伙伴亲嘴亲鼻子（小伙伴们听见开门声早就通通起床跑来迎接她了！），个个都很高兴地欢迎花儿回家，那些好奇的表情好像是在说：这么多天你上哪儿去了？外面的世界很精彩还是很无奈啊？

顾不上让她吃喝，牢记猫安全回来后要首先拜谢灶台的原则，马上把她抱到煤气灶灶台上，认认真真地围着包括水碗和剪刀在内的整个灶台绕了三圈，小花儿的表情像是在说，俺可是知恩报恩的喔！

谢礼毕，赶紧打开罐头给花儿吃，她却并不狼吞虎咽。可见朋友们分析得对，因为我常年雷打不动每天为楼下做了绝育的流浪猫送猫粮和清水，花儿失踪后，更是每次下楼找她时都将两袋妙鲜包浇在猫粮上，所以她并没有挨饿，这可能也是她没走远的主要原因。花儿一边忙着跟小伙伴们打招呼，一边不时地跑回到我跟前蹭腿，要我抱要我亲要我给她挠头。我抱着花儿，从上到下查看她的小身体，除了脏和瘦，左脚上还有一个不小的外伤，伤口还在不断地渗血，她踩出的所有梅花印都带血，赶紧作了处理。

刚坐在电脑前，花儿就跑来躺到我和键盘之间，用她那无限依恋的眼神看看我，用小牙轻轻地咬我敲着键盘的手，用两只小手环抱着我给她挠头的手，发出别提多嗲了的喵声，继而又打起了小呼噜。我对她说，麻麻得腾出手来赶快给关心你的菩萨们报喜啊，是不是？别让大家惦记啊！她懂事地喵了一声以表赞同。

"咪了个猫"看到好消息后写道："猫妈你太棒了，功夫不负有心人！花儿能回来很大一部分的功劳在于你的不懈坚持。我真替你高兴，感动得都流泪了……"

失而复得的花儿黏我黏得要命，夜以继日地要我给她挠头——小小的头向我的手伸过来，要我用五指和手掌逆向地轻轻抓住两耳及其中间部位，挠啊挠，挠啊挠，没完没了没够！她肯定希望这是只魔手、机器手，可以永远不停地挠下去。即使是在伸手不见五指的黑夜里，花儿也能轻易地找到负责"挠头"这个动作的我的两手之一所在，用头找手，找到后不停地拱啊蹭啊磨啊哼哼啊，一旦你开始如她所愿地给她挠头，她便马上发出所有猫儿中最千娇百嗲的无比满足的喵声，仿佛在说：

妙啊妙啊，妙啊妙啊！

近来又在小泉纱代的《猫咪的 100 个秘密》一书中看到，日本也有个能让离家出走的猫咪回家的小法术，即去东京都立川市的"阿豆佐味天神社"祈祷，据说十分灵验，人气很旺。

这正是：好奇花铤而走险流浪数十日　花儿妈天助自助抱得花儿归

　　良好的待遇会使那些瘦弱的小野猫变成一只丰满而诚实的大猫，它们的皮毛有光泽，眼神有爱意，唱着歌儿奔向你，跳上你的肩头享受被人初次抚摸的快乐。

——【苏格兰】乔安娜·贝莉

🐾 喵星人小档案

大名：百子湾；小名：湾湾
生日：2010 年 5 月中下旬
收养日：2010 年 7 月 25 日
收养地点：北京市朝阳区百子
湾村南
性别：男生
毛色：黄色中长毛，台湾称橘
子猫、姜姜猫
眼珠：黄宝石色
性格：亲人＋亲猫

从百子湾来的湾湾

天意从来高难问，是你的躲也躲不过，不是你的求也求不来。湾湾和我的缘分就是这样。

2010 年 7 月初，接到一个不很熟的朋友小廖的电话，说他开车时在离他们单位不远处的路边烂泥沟里捡回来一只小猫，虚弱不堪，眼睛发炎，身上有皮癣，他没经验，不知该拿它怎么办，问我有没有朋友能收养它。

小廖年轻、帅气、学佛，是个事业有成的善良小伙儿。听罢他的话，我心里暗暗希望他能借此因缘成为一个出色的动物救助者。人人都有第一次，就从这只猫开始吧。所以我并没有大包大揽，不希望让他觉得捡到猫就可以轻易地塞给别人，而是建议他先就近找家靠谱的动物医院做个检查，看看医生怎么说，并鼓励他自己上网多查信息，实在不行再送到我这里来。他听后有些勉强地答应了。

两天后，他在电话里告诉我，他带猫去了动物医院，医生给开了些药水和药膏，他又顺便在医院置办了猫粮等物，就带着猫——是个男孩儿——回到了他在朝阳区百子湾新成立的一家文化传播公司。

我一直惦记着那只小猫。后来听他说小猫眼睛和皮炎好些了，长得很快，特淘气，所以起名叫"Huohuo"（不确定是"祸祸"还是"霍霍"）。我欣慰地想，有这样一个名字的猫一定既淘且壮。

半个月后，小廖的公司开业，开幕式后将请来宾参观唐卡展，我也在被邀请之列。能去参观唐卡展当然是好事，何况还能见到"Huohuo"。正好一个模特朋友来电，她是虔诚的藏传佛教信徒，所以约了她一起去。

关于这个模特朋友还非得多费点笔墨不可。她叫潇潇，是来自四川甘孜的羌族姑娘，二十七八岁，身材窈窕、面容姣好，长得不知怎么那么好看；心眼儿更是一等一的善良，走穴演出到哪里就救助动物、布施放生到哪里。

有一次，在广东一个小城拍戏，街边的食肆门前关着几笼活猫，现点现杀，"水煮活猫"，"龙虎斗"，据说是当地的两道"名菜"……潇潇赶紧把那些猫全部买下来，放生到附近一个寺庙里，还给住持留下了一笔钱，拜托他们关照猫咪。住持被她的慈悲心所感动，不仅愿意成全她，还送给她一个上好的玉镯子留作纪念。

回京后她把这个玉镯子转送给了我，我很隆重地把它戴在了手腕上，一看见它就想起那些猫、潇潇和住持。几个月后的一天，正在拖地板的我眼见胖淘儿欲探身去喝水桶里的脏水，一个箭步冲将过去阻止，孰料拖鞋踩在刚拖过的湿地上，摔了个大马趴，摔成两半的镯子正好卡在下巴下面，下巴立即出现了一个又深又宽的血口子！我连忙跑到海军总医院急诊部，缝了多针，留下一个永远的疤痕。那个镯子真有"血性"，断开处的血迹怎么洗刷也抹不去，至今还静静地躺在我的抽屉里，大约意在提醒我须臾勿忘那些被盗被吃的猫咪们所代表的我们动物朋友们的悲惨命运。

潇潇不仅古道热肠，还神出鬼没，时而出现，时而失踪，经常有些匪夷所思的想法和行止。有一天，她神秘兮兮地说要给我介绍一个朋友，人特优秀，而且长得就像……就像濮存昕！因为她的想象力实在太丰富了，所以她说的什么话都得打个折扣。实在推托不掉，这次干脆来个"一网打尽"：我请她约上"濮存昕"一起去看唐卡展，一举几得。

第一眼见到湾湾的情形至今仍历历在目。2010 年 7 月 25 日上午，"濮存昕"开车接上潇潇和我，一行三人来到朝阳区百子湾路石门村一处幽静的所在。一到那里我就问小廖猫儿何在，他把我带到展览大厅外的一个空间，我用眼光寻觅着寻觅着，然后就看见了他——小小的、小小的他，孤独地躺在用旧纸板和木板隔出的地上，脸上和身上长满了癣，下半身全是干 BB 和白色的绦虫，太让人心疼了！

来客越来越多，其中还有不少孩子，听说外边有猫，好几个家长都带着孩子出来看猫。小猫躺着一动不动。孩子们不甘心，蹲下去逗弄他，试图让他起来跟他们玩儿，岂料任凭大人孩子怎么骚扰如何折腾，小猫就是不动弹，只用茫然无助的眼神看着他们——这哪像小廖口中调皮捣蛋精力过剩的"Huohuo"啊！唐卡展开幕了，人群终于悻悻地散去了。

我却无心再去参观展览，一心只在"Huohuo"身上。抱他起来吃饭，只见他跟跟跄跄走到食盆前，一头埋进猫粮里，老半天一颗也没吃进嘴里——原来他不会吃东西！我在手心里放了几颗猫粮喂他吃，同样，他一头扎进我手心里，舔啊舔，却怎么也舔不到嘴里。难怪他脸上、鼻子上这么多癣呢。潇潇把他鼻子上已经结了痂的一大块癣疤揭了下来。

实际上，看见他的第一眼我就决定要把他带回去，并且后悔没有在小廖来电求助那天就立即把他接回去，让他多受了至少半个月的苦。向小廖要了一个纸盒装上小猫，猫粮留下给院里的流浪猫吃。小廖道歉说没照顾好小猫。

归心似箭，但潇潇对我又使眼色又做手势——"濮存昕"还在那边等着呢！完全把他忘到九霄云外去了。好在"濮存昕"大人大量，不跟我一般见识。时值中午，潇潇请客，我抱着小猫和她一起坐"濮存昕"的车去海底捞吃素火锅。

到了海底捞，潇潇和"濮存昕"坐一边，我和小猫坐一边。我把装猫的纸盒放在我旁边的椅子上，以便随时照应。一顿饭的工夫够长的，开始还担心他会爬出来掉下去，结果他始终静卧在纸盒里。照看小猫之余，潇潇和我聊得热火朝天，聊她和我都在做的动物救助、聊她所在的模特圈演艺界……"濮存昕"根本插不上嘴，从头到尾就说了一句话："这小猫挺听话的。"事后想起来挺对不起他的。顺便说一句，我一点儿也没觉得浓眉大眼的他长得哪儿像濮存昕。

海底捞的服务真好啊！我们这桌的服务生小林瘦高、清秀、单眼皮，笑意盈盈。潇潇正要在淘宝上开店卖服装，需要找有日韩范儿的模特拍广告，问小林是否愿意做兼职模特。小林羞涩地留下了他的姓名和手机号码，说上班时间不能谈论与工作无关的事，有事只能下班后再联系。我以为这事也就到此为止了。

谁也没想到，那次海底捞让潇潇和小林擦出了火花，这对姐弟恋很快便奉子成婚，不久就生下一个大胖儿子，是个健康可爱的胎里素宝宝。我衷心地祝贺与祝福他们。潇潇说，小林比她还爱动物，现在他们在老家开了家小服装店维持生计，收养了60多只流浪猫，店里离不开她，照顾猫咪的重任几乎全落在小林和一个工人身上了。

吃海底捞竟吃出一段旷世奇缘来，这可真是有心栽花花不开，无心插柳柳成荫啊！

言归正传。重新给小猫取名为百子湾，以纪念他的获救之地，小名湾湾。

初见湾湾时，他还是一只不会自己吃饭的小奶猫。

来到张家半个月后，学会了吃饭，出落得愈发可爱了。

湾湾不会吃东西可真是个问题，真不知他是怎么长到现在这么大的。他一下子把整个小脸都趴在或埋进猫粮盆里舔猫粮，像吃奶一样地舔，却一颗也舔不进嘴里。于是，我就用小勺一口一口地喂他吃幼猫粮和妙鲜包，等他吃饱了再用湿纸巾擦拭面部，然后用两只手捧着他。"睡觉觉啊睡觉觉，小湾湾快睡觉觉！"用不了几秒钟，湾湾应声入睡，最后再把他揣进日式围裙的口袋里……大约半个月后，他最终学会了吃猫粮，脸上的癣瘢也慢慢结痂褪去，出落得愈发可爱了。

　　小湾湾的到来受到一众猫叔猫姨猫哥猫姐们的欢迎。正是炎夏，湾湾喜欢在奶奶的大青花瓷盘里睡觉与嬉戏。有的夜里，他会跳到床上，坐在我的枕头后方，用小爪子捞头发丝，一缕一缕地捞着玩儿——这是个什么爱好啊，小湾湾？

　　湾湾越长越像美国那只著名的图书馆猫杜威了，性格也跟杜威一样温柔，从来不伸爪子，叫起来声音像个女孩子。

　　苏格兰诗人乔安娜·贝莉所言不虚："良好的待遇会使那些瘦弱的小野猫变成一只丰满而诚实的大猫，它们的皮毛有光泽，眼神有爱意，唱着歌儿奔向你，跳上你的肩头享受被人初次抚摸的快乐。"

　　每天早上唱着歌儿奔向奶奶的湾湾成了奶奶的另一件小棉袄（另外两件小棉袄是张灵灵和龟田小队长）和小跟屁虫。他尤其喜欢通过舔人来表达感情，脸、手、脚——但凡暴露在衣服外面的部分逮哪儿舔哪儿，白天舔不算，夜里也不闲着。他还爱咬奶奶身上的扣子玩儿，扣子咬坏了不足惜，把牙咬坏了可就麻烦了。

　　因为他总是舔个不停，奶奶不得不狠心地把他关在卧室外，不带他睡觉。于是每天早上奶奶的卧室门一开，首当其冲忠实地守候在门口的一定是湾湾，奶奶一开门他就直起身来高举两手要奶奶抱！

　　"奶奶抱抱！奶奶抱抱小湾湾！"

奶奶若稍微弯腰抱得慢了一点儿，他就干脆往奶奶身上爬，一年 365 天，天天如此。除此之外，一天数次，他还会让奶奶扛在左肩上到处走，边走奶奶边拍他的屁屁道：

"扛扛我的小宝贝啊，扛扛我的小宝贝！抱抱我的小湾湾啊，抱抱我的小湾湾！"

小湾湾转眼长成了大湾湾，他和奶奶的亲密关系与时俱进，有增无减，以至于麻麻我只有羡慕嫉妒恨的份儿，时不时地提醒他：

"湾湾！湾湾！当初究竟是谁把你带回家来的啊？！"

湾湾只有几次屈指可数的写作尝试，且都集中于初来乍到之时，长大后便完全放弃了。

从百子湾接回他的当天洗完澡后把他放在书桌上，只见他跌跌撞撞地在键盘上踩下了这些字符：

"你计划乖宝宝抱宝宝被抱抱被抱抱被被抱抱被抱抱被抱抱笑长啦啦啦啦啦拉了拉了啦啦啦了了拉了拉了啦啦啦"（2010 年 7 月 25 日）

——显而易见，湾湾从第一天起就下决心做个乖宝宝，爱笑的、爱唱歌的、快乐的、喜欢被抱的乖宝宝。他是这么想的，也是这么做的，可谓言行一致。

后来湾湾主要在奶奶那边活动，很少到麻麻我的键盘上踩字了。2010 年 11 月 28 日，偶然来访的他踩道：

"l9ij88gbg 他吞吞吐吐 7 娜娜男男女女男男女女男男女女男男 66 并不比 YHQ2 的 65d 谢谢惺惺相 55555 您还会呼唤你男男女女男男女女 0000 – 隐隐约约隐隐约约隐隐约约、他吞吞吐吐个准备 89 我的飞"

——现在看来，当时的湾湾应该是情窦初开，不知看上了哪个姑娘，张家

湾湾越长越像美国那只著名的图书馆猫杜威了，性格也跟杜威一样温柔，从来不伸爪子，叫起来声音像个女孩子。

猫窝没有叫"娜娜"的女孩子啊？难道是他凭空想象出来的而且还偷偷摸摸地给她写了情书表示希望与她比翼双飞？这成了个永远的谜团。

湾湾丢过一次，所幸不久就被找回来了。2010 年年底家里装修期间，有一天中午突然发现湾湾从头天起就不见了，开始狂找！从顶层直到地下室，一层层楼道一声声喊："湾湾！湾湾！"傍晚时分找到地下室，传达室冯师傅说好像有个住户屋里来了只猫。赶紧请他带我前去查看。

那家住户是母女俩。进屋一说明来意，母亲指着堆满了杂物的大衣柜顶说，昨天窗户没关严（窗户一半在地上一半在地下），进来了一只猫，现在还在柜子顶上躲着呢。赶紧搬了个凳子爬上去一看，光线昏暗，杂物后面角落处真有只猫，正是湾湾！

"过来湾湾！到麻麻这儿来！麻麻带你回家！"

湾湾目光呆滞，纹丝不动，显然已被这突如其来的变故给吓蒙了。只能用暴力了！用尽全身力气伸手去拽，终于把湾湾给拖出来了！千恩万谢后紧抱着湾湾飞奔回家。

满以为一回到家湾湾就会回过神来恢复常态了，结果不然，仍然是一只十足的惊弓之鸟，半天没挪窝，走起路来一瘸一拐——腿受伤了！那胆怯凄楚的眼神任谁看了都心疼，好像在埋怨我没有早点去接他回家。

奶奶紧紧抱着湾湾安慰道："好孩子回家了！我们安全了！不怕了！"

经过治疗，腿伤痊愈了，湾湾也终于回到以前那个湾湾了。我们不知道的是那一天一夜中究竟发生了什么。湾湾对不起，麻麻没有看好你、保护好你，今后再不让你受伤害了！

这正是：百子湾唐卡展抱回小湾湾　海底捞俏潇潇惊喜结良缘

小湾湾

转眼间长成了大湾湾。

是奶奶的贴心小棉袄和

小跟屁虫。（左为闺蜜张汤圆）

我们与它们切近地接触，与之对视，也就是四目相望的时候，

还能感受到来自另一种生命的目光，所谓的心灵之窗……

——张 炜

🐾 喵星人小档案

年龄：4 岁

性别：男生

大名：张国庆；小名：庆庆

毛色：白胸脯、白手套、白靴子，

出生：2010 年 6—7 月　　　　　　　　　　背部及尾部为深褐色

收养日：2010 年 10 月 1 日

眼珠：黄宝石色

收养地点：张家小区灌木丛中

性格：喜热闹 + 极亲人

感觉自己萌萌哒 —— 张国庆同学

2011 年国庆节前夕，老弟一家三口从深圳来京探亲。10 月 1 日那天，在一家餐厅用过晚餐后，大家一起向家里走去。走到楼下的拐角处时，看见一个十几岁的小姑娘正在逗弄一只头露在灌木丛外的小猫。我连忙紧走几步上前问小姑娘：

"是你家的猫吗？"

"不是，是野猫。"

"你喜欢吗？"

"喜欢。"

"那你能把他带回家养吗？"

"我可想了……可我姥姥不让。"

抱起小猫一看，蔫头耷脑，是只病猫，我于是径直抱回家。小猫不吃不喝不拉不撒不动，再摸身上，烫，赶紧打电话给王寅，说好了晚上来家里看看。

把他放在奶奶坐的长沙发靠近扶手的一端，这样方便观察他的情况。只见他就地蜷缩成一团睡起觉来，别说抬头，连眼皮都无力睁开。

不一会儿奶奶在沙发中间坐下看电视，不知不觉中，小猫撑着又瘦又小又烧的身子爬到奶奶的腿上睡下，一睡就是一晚，一动不动。奶奶一边轻轻地拍着小病猫一边对孙儿小小说：

"这只小猫真是乖得让人心疼啊！"

每天晚上王寅都很忙，先要把头天抓住的流浪猫送到动物医院绝育，然后再去好几个固定的喂猫点喂猫——那么多喵星人可都眼巴巴地等着呢，然后再去抓猫，有时还要抓狗。将近午夜时分她来了，一测体温，小猫发烧，随即打了退烧针，喂了药，希望小猫能好好地睡上一觉。

第二天，小家伙的精神果真见好。只见他在地上慢慢地走来走去熟悉这个家，还无师自通地学会了到砂盆里上厕所，真聪明、真懂事啊。不一会儿，他慢慢走到猫爬架前，静静地坐在粗麻绳编的底座上，歪着小脑袋看着我，那模样着实惹人怜爱，我赶紧抓过相机拍下了几张他病中的模样。后来发到博客上，网友留言直呼"太萌了"！

是个男生，又是"十一"那天抱回来的，起名"国庆"是再自然不过的事了。

那几天，怕他夜里出问题，常常长时间地抱着他躺在床上。他就那么安静地睡在麻麻我的怀里，一双大眼睛专注地与我对视——除了他，还没有哪只猫咪能如此这般与人作长时间的对视。正是在与国庆的对视中，我才发现四目相对时，并非左眼看左眼、右眼看右眼，而是或者先看对方的左眼，或者先看右眼。

"我们庆庆的眼睛真美啊！比女孩子的眼睛还美！我们庆庆真乖啊！"

闻听此言，他就伸出右手抚摸你的脸或者两手抱住你的左手表示感谢。这样的对视与对话，从国庆发着烧初来乍到直至今天，始终如一。

据说猫的眼睛占身体的比例是所有动物中最大的，而国庆的眼睛又是俺家猫娃中最大的之一。不仅又圆又大，而且外眼角上扬，难怪日本女星都以有一对性感的"猫眼"自豪，当年的清纯红星药师丸博子就曾被羡慕地称为眼睛最像猫的标准日本美女。后来又拍到了国庆许多标志性的歪脑袋看镜头卖萌的照片，边拍边感叹：国庆同学真是萌死人不偿命啊！

平时国庆是只无声猫，喜欢用眼睛说话。只有两种情况下他才会出声：一是进入战争状态，而且对手实力明显强于自己时，比如龟田小队长、胖淘儿、西西或缺心眼子；二是想吃罐头时。如果只听不看，没人会想到那么细柔的喵声竟是从他身体里发出来的。

每天，国庆总要站在桌子上直起身伸出两手要人抱，不抱就往你身上爬，就连赵然哥哥和紫紫姐姐来了也是这样。他不知道自己已经长大了，抱在怀里分量可并不轻啊。

当麻麻我在电脑上工作时，国庆专门选择卧在键盘和我的身体之间，使我不仅无法操作键盘，连看屏幕都变得困难重重。他雪白的左手和左脚压在我敲键盘的右手背上，爪子伸缩自如，粗粗的尾巴在键盘上一上一下有规律地击打着，呼噜不止，惬意地享受此时此刻。仿佛这一切还不够似的，他还一定要把小脸反转过来，侧仰或后仰看着我，那份无条件的专注、信任和依恋就别提了。感动之余，我总是把他的小脑袋瓜轻轻地转回去：

"好孩子，眼睛和脖子酸不酸、累不累啊？别看麻麻了啊，麻麻知道了啊！"

"妨碍人类打电脑是喵星人的天职。"难怪伊藤佐理在《一只女人两个猫》中深有体会地写道。

"当我写作的时候，它在我的桌上走来走去，用尾巴擦掉了我的诗句。"一位法国诗人的猫儿专干此事。

国庆歪着小脑袋看着我，那模样着实惹人怜爱。

一旦机会来临，张国庆同学自然也想证明他不是白丁一枚。喏，前不久，他在网上看到一篇题为"微博诗词新玩法：感觉自己萌萌哒，笑果令人惊喜"的报道：

近日，在微博掀起了一阵新的诗词玩法：在各种七言诗词之后加上"感觉自己萌萌哒"，卖萌效果翻倍，引来大量网友参与。有的诗词承接之后浑然一体毫无违和感，有的让人不知所云一头雾水，但确实都笑果惊人，"感觉整个人都萌起来了呢"。这是继"不如自挂东南枝"、"一枝红杏出墙来"等诗词之后网友们发现的又一万能句。以下是众网友"感觉自己萌萌哒"的造句：

我自横刀向天笑，感觉自己萌萌哒（@小野妹子学吐槽）

逍遥此身君子意，感觉自己萌萌哒（@小帮会里的大魔王）

犹抱琵琶半遮面，感觉自己萌萌哒（@日子过得太快）

……

国庆同学看完后十分不以为然地说，切，把人家好好的诗句拆开来砍掉一半算什么嘛，伤筋动骨！小菜一碟，看我的玩法：既保留原诗名句，又加上"感觉自己萌萌哒"，最后还本着严谨治学的态度注明出处，即原作者+张国庆，不仅完整得多，而且还颇有穿越感！隔着几百年几千年的时空，张国庆跟古代的名家们成了合作者了！这么一看啊，自己都觉得自己"萌萌哒"得要命！下面就请尽情欣赏张国庆同学的力作吧：

天苍苍，野茫茫，风吹草低见牛羊——感觉自己萌萌哒

（北朝·民歌《敕勒歌》＋喵星人张国庆）

两个黄鹂鸣翠柳，一行白鹭上青天——感觉自己萌萌哒

（唐·杜甫组诗《绝句》第三首＋喵星人张国庆）

几处早莺争暖树，谁家新燕啄春泥——感觉自己萌萌哒

（唐·白居易《钱塘湖春行》＋喵星人张国庆）

竹外桃花三两枝，春江水暖鸭先知——感觉自己萌萌哒

（宋·苏轼《惠崇春江晚景》＋喵星人张国庆）

小荷才露尖尖角，早有蜻蜓立上头——感觉自己萌萌哒

（宋·杨万里《小池》＋喵星人张国庆）

我看青山多妩媚，料青山看我亦如是——感觉自己萌萌哒

（宋·辛弃疾词《贺新郎》＋喵星人张国庆）

无人赏，自家拍掌，唱彻千山响——感觉自己萌萌哒

（杭州灵隐寺住持慧远禅师自题画像语＋喵星人张国庆）

……

最后两首堪称绝配！

从上可见，国庆同学不仅擅长卖萌，对很多事物还很有独立见地呢。再比如说，唐代大诗人中，他最崇拜最赞赏的不是"诗仙"李白而是"诗圣"杜甫，原因很简单，诗仙整日昏天黑地地吃喝玩乐，诗圣则忧国忧民忧天忧地。

你看，那么多人喜欢的《将进酒》里都写了些什么啊？

"人生得意须尽欢，莫使金樽空对月……烹羊宰牛且为乐，会须一饮三百杯……五花马，千金裘，呼儿将出换美酒，与尔同销万古愁。"

又酗酒又杀生又穿皮草，一点动保和忧患意识都没有！

再看看人家诗圣的境界：

"杀人亦有限，立国自有疆。苟能制侵凌，岂在多杀伤！"

战争必然导致生灵涂炭（包括人类动物与非人类动物），作为一位伟大的人道主义者，即使在其战乱诗与边塞诗中也同样闪烁着人性圣洁的光辉。

为了更有创意地增进我和喵星人的关系，也为了充分调动和利用现有资源为动保大业服务，我形成了这么个习惯：写作时，根据内容从张家一众喵星人中选出一个模特，把他抱到电脑旁坐定，想象他就是所写的对象，与他对视、对话，获取灵感，往往奏效。比如，写保护海豹的稿子，就选长得最像海中精灵小海豹的龟田小队长当模特；写被虐杀虐食的猫儿的稿子，就选眼神最深邃、忧郁的兰兰当模特；写反美式斗牛的稿子，就选最与世无争、温良如食草动物的白珍珠当模特；写黑色的拉布拉多明星导盲犬珍妮的稿子，就选小二黑当模特；如此类推……

为月亮熊（即亚洲黑熊）代言既是一份沉甸甸的荣誉，更是一份沉甸甸的责任，张国庆同学，你准备好了吗？

2013 年 11 月 29 日，亚洲动物基金 15 周年庆典在北京举行。15 年中，亚洲动物基金在中国共拯救了 285 头月亮熊，在越南共拯救了 115 头月亮熊。

多乎哉？不多也。因为在我们这片神州大地上，每天两次以上惨遭凌迟般酷刑折磨的月亮熊至少在 10000 头以上！

微乎哉？不微也。须知每一头获救的月亮熊背后都凝聚着太多太多的艰巨努力，每一头获救月亮熊的命运都从此改写，就像是中了大奖！

亚洲动物基金的创办人暨行政总裁 Jill Robinson（港译中文名：谢罗便臣）

与月亮熊的"第一次握手"发生在 1993 年广东番禺的一个养熊场，当时她是国际爱护动物基金会的一名顾问。一只一辈子都被关在锈迹斑斑无法站立的铁笼里的月亮熊吃力地把手伸出来搭在她纤弱的肩上。惊回身，对视中，她只觉得"他的目光刺穿了我的心"。没有恐惧，没有迟疑，她不假思索地握住了那只皲裂得像龟壳的熊掌，从此再没有放下——她把他放在了自己的心里。

这次邂逅带来的是她"一生中接收到的最强烈的信息"。因为这次握手，她顿悟了自己的使命——终止养熊业，拯救月亮熊。

"每个人都有改变自己命运的可能。选择倾听向我们传来的信息或是转身离开，将决定我们能在多大程度上改变自己与其他生命的未来。"

筹备 5 年后，她在香港正式创办了亚洲动物基金 (Animals Asia Foundation)。

1998 年——也就是她创办 AAF 的那一年，Jill 应邀为北京的外国人社团举办一场演讲，时任德国《明星》周刊驻华分社社长的 Matthias Sheap 买了张入场券送给我这个"爱动物的朋友"。那是我第一次了解可爱温顺的月亮熊和残忍之至的活熊取胆。

Jill 在京期间，已经与她合作了一期有关活熊取胆专题报道的 Matthias 请她和她的兽医团队共进午餐。那是我平生所吃的第一顿素餐。演讲加素食对我身与心的震撼是深远的。Jill 和她的几位女同事分别来自英国、南非和澳洲，人都那么美，都那么有爱心，并且，都食素。我第一次知道，人可以这样选择自己的生活方式，有益于动物，有益于环境，有益于人类自身。

1998—2014 年。Jill 对胸前有着一弯美丽的金黄色月牙儿形状图案的月亮熊所发的誓言一践行就是 16 年。她右肩上所刻下的中文"月熊"二字经年不褪，历久弥新。

第一只获救的月亮熊安德鲁（Andrew）被熊场主砍掉了左臂，疾病缠身，

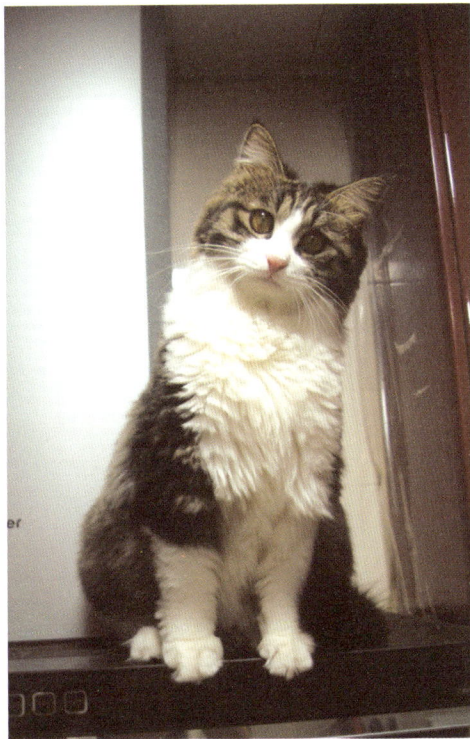

平时国庆是只无声猫，喜欢用眼睛说话。

皮包骨，可他仍然对人类宽容信任，就像一个温暖的大男孩，他成了 AAF 的象征。不久，他走了。"你的离去不会让我们变软弱，我们会因你而更坚强。"这句话被刻在其墓碑上。雕塑家赵志荣为安德鲁雕刻的塑像安放在 AAF 位于成都郊区的亚洲黑熊救护中心入口处，静静地守护着那些劫后余生的大个子们。

Jill 和 AAF 的工作范围从拯救月亮熊到猫狗等伴侣动物再到野生动物园的动物……她们所做的这一切不仅是为了帮助这些受苦的动物获得尊严，而且也是为了推动人类与这个地球上的其他居民之间的和谐相处。

16 年来，因在拯救黑熊以及为改善亚洲动物福利方面所作出的卓越贡献，英女王向 Jill 颁发了"大英帝国荣誉勋章"之员佐（MBE）勋章；美国《读者文摘》杂志评选她为"时代英雄"；她还当选为"感动中国的外国友人"……

在一次获奖采访中，Jill 引用了她喜爱的美国诗人、新闻工作者及人道主义者沃尔特·惠特曼的诗句：

"我想 / 我可以转变 / 与动物生活一处 / 他们是那么 / 平静和寡言 / 我伫立一旁 / 长久地看着他们 / 他们不会碌碌终日 / 也不会抱怨处境 / 他们不会在黑暗中辗转反侧 / 为过失而哭泣 / 他们不会令我作呕 / 探讨对神的责任 / 没有动物不知足 / 没有动物为了占有 / 而疯狂……"

后来，我常常回想起 1998 年的那次素餐。我告诉 Jill，她是领我走上动保之路和素食之路的人。2003 年，我开始救助流浪动物，所收养的第一只猫咪至今还幸福地和我生活在一起。同时，我也开始尝试照亮所有生命的素食，但还素得不够彻底。又过了两年，我读到了一本有"动物保护的《圣经》"之称的著作——《动物解放》，促使我彻底弃肉从素。2012 年，当该书作者彼得·辛格教授（Peter Singer）来华访问时，我当面感谢了他，因为这本书，世上不知有多少人成为了素食者，我就是其中之一。

因为认可我们的理念与实践，无论是对我和我的团队的流浪动物救助，还是我后来发起的中国动物保护记者沙龙所举办的活动，Jill 都一如既往地予以支持和帮助。

在庆典上，从 Jill 和拯救月亮熊形象大使莫文蔚手里接过"亚洲动物基金15 周年'爱之守护'最佳支持者"的证书，自忖何德何能？还有超过 1 万头的月亮熊在暗无天日的地狱里被日复一日的酷刑所折磨，为了它们，无论如何努力都远远不够。时间就是生命，而没有任何生命经得起永久的等待……

2012 年初，在阻击福建活熊取胆企业归真堂寻求上市最艰难的日子里，Jill 在邮件里发来几张获救后的月亮熊自由嬉戏玩耍的温馨图片，外加印度国父甘地的一段名言：

"First, they ignore you, then they laugh at you, then they fight you, then you win."

（首先他们无视于你，而后嘲笑你，接着是与你战斗，然后就是你的胜利之日。）

向你学习和致敬，Jill。

这正是：谢罗便臣拯救月熊出牢笼十六年　国庆同学责无旁贷喵星人肩并肩

尽管这些猫咪骨瘦如柴，满身跳蚤，甚至没人知道它们的出处，然而，它们却都有了很好的归宿。这并不是因为它们长得可爱，也不是因为它们有什么惊人的本事。它们之所以得救，得到细心的呵护，是因为人们对于无助的生命有着恻隐之心，愿意为它们敞开心扉，打开家门。

——【美】帕特里夏·米切尔

🐾 喵星人小档案

姓名：张兰兰；又名：兰花花
生日：不详
收养日：2011 年 7 月 15 日
收养地点：北京西直门一牛肉拉面馆后院

往生日：2012 年 7 月 20 日
享年：约 3 岁
性别：女生
毛色：奶牛猫（白色与黑色相间的中长毛）
眼珠色：黄宝石色
性格：离群索居 + 郁郁寡欢

芳心难测——诗人猫兰兰

　　"据北京电视台 2011 年 5 月 10 日报道，'美国西部牛仔竞技展演'（Rodeo China）将于 2011 年 10 月 3 日至 10 日首次登陆中国，在北京'鸟巢'国家体育馆举行为期 8 天的美国西部牛仔竞技盛会，涵盖骑牛、套牛犊、绕桶等传统牛仔竞技活动项目。报道说，该活动是一场巨大的视觉盛宴，让普通民众不出国门也能亲眼目睹当今世界上最优秀的牛仔骑手的风采，把最纯正的美国文化带入中国，见证他们竞争西部牛仔比赛史上最高额的 800 万美元的奖金，通过电视转播收看到该赛事的全球观众将达 20 亿人次之多。据了解，该项目是 2011 年中美人文交流的重要项目，由 LIFM 公司发起，并与中国人民对外友好协会、中国国际友好城市联合会和国家体育馆联合主办，美国 ZZYX 娱乐公司出品，且已被北京市有关部门批准。"

　　一石激起千层浪。国内外动物保护团体纷纷致函中国主办方与美国新任驻华大使骆家辉等，用大量事实和数据力陈此商业展演以残害动物牟利的实质，呼吁取消此一残忍项目登陆中国，各界名人纷纷联署支持。足以值得中国动保人与各界爱心人士兴奋与自豪的是，这一切努力没有白费，原定于当年国庆长假期间在"鸟巢"上演 8 天的 Rodeo（美国西部牛仔竞技）被成功"拿下"。

不是所有人都知道 Rodeo 是个啥玩意儿，但如果说它就是美式斗牛即牛仔秀，估计所有人就都明白了。一群武装到牙齿的人类极尽欺虐温顺安良的食草类动物之能事，靠这个赚血腥钱，这算什么本事、算什么好汉？！

清华大学科学技术与社会研究所副教授、动保网联合创办人蒋劲松指出 Rodeo 有七宗罪：1. 对体育运动精神的扭曲；2. 对现实生活的扭曲；3. 野蛮恶劣的娱乐；4. 对人类心灵的伤害；5. 有悖于美国的优秀文化；6. 有悖于中国护生慈悲的文化传统；7. 违背保护动物的世界潮流。

在艰难中前行的中国动保近年来遭遇了不止一场来自异域的挑战，有那么几个早已有动物保护法的"先进国家"，不是选择用自己的经验教训帮助中国动保少走弯路，反倒是处心积虑要把本国那些见不得人的、残害动物的产品和项目倾销到中国来，钻中国尚未出台动保法的空子。加拿大海豹贸易、美国西部牛仔竞技、西班牙斗牛、爱尔兰灰狗赛、法国肥鹅肝、日本鲸鱼肉等等都是反面典型。中国民间动保组织、广大志愿者和社会各界有识之士通过一系列宣传与抵制行动，正告这些国家的政客与业界：中国不是你们这些血腥垃圾的倾销地，中国不会自取其辱对这些伤天害理的制品和项目打开大门。

作为全程参与者之一，毫不夸张地说，2011 年那个多事之夏，我每天的生活几乎都与反美国西部牛仔竞技展演有关。从 7 月 15 日第一次发布会到 29 日第二次发布会的半个月里发生了很多事情。美式牛仔竞技展演美国主办方"绑架"了两国政府作为其后盾，双方力量对比更加悬殊，形势日益严峻。举全国乃至全球动保之力抵制、与美国主办方"谈判"、与中国主办方会面、两次新闻发布会、公开信、新闻稿、各界人士联署支持、志愿者无私投入、微博大战，等等。

兰兰就是在此过程中与我邂逅并被带回家的。那是 2011 年 7 月 15 日，首次新闻发布会原定于下午在北京新侨饭店举行，给媒体与嘉宾的邀请函早已发出。孰料，会前突然接到酒店方面通知——该发布会因不可抗力必须取消，原因嘛，"你懂的"。走投无路中，幸得中国国际商会紧急提供免费会场。

会后，我和山东大学动物保护研究中心主任郭鹏副教授计划一起打车回家，没想到，可能因为临近晚高峰，从位于西城区桦皮厂胡同 2 号的国际商会大厦出来后怎么也等不到出租车，就这样，两人一直走到了西直门立交桥下。经过一家灯光昏暗、人声鼎沸的兰州牛肉拉面馆时，看见那脏兮兮油腻腻的窗台上趴着一只神情落寞的黑白花纹小猫。怎么会在这里？是家猫还是街猫？生病了吗？走上前去抱起她来，轻飘飘的没有分量。郭鹏说，会不会是谁家散养的猫呢？去问问看吧。

拉面馆的后院混乱嘈杂，光着上身的伙计们在煮面切菜洗碗喝水咳嗽吐痰，水蒸气从牛肉汤锅里高高地升腾开来，各色人等你来我往好不热闹……从旁边一个小偏院里走出来一位姓刘的大姐，指着我怀里的小猫说这是只流浪猫，这里像她一样的流浪猫还有好多呢，靠拉面馆的剩菜剩饭和垃圾为生，有时候伙计们高兴了也会扔给它们一些牛羊下水什么的，其中有一只马上就要产崽了，就在她家院里呢，没忍心赶她走……

我们感谢刘大姐照顾待产的街猫，向她介绍一定要给猫咪们做绝育的道理，并承诺会有志愿者上门服务的，到时请她务必配合。临别，把我的姓名和手机号码留给她，请她需要帮助时联系我，她很高兴地给了我她的手机号码，但却不同意为猫绝育。我说想把这只黑白猫带回家，她说带走吧，不然她这么弱的身子也活不了多久，打小就体弱多病。

就这样把她带回了家。她太弱了，弱得几乎总是藏身于一个暖和的帐篷式猫窝里不出来，猫窝深深深几许……弱得连眼皮都抬不起来，就那么睡啊睡啊，像是要把流浪岁月里欠下的睡眠一觉补齐了。睡了一辈子那么久之后，终于能看清她的眼睛了：一双那么深邃、那么美丽的眼睛！

"兰兰。张兰兰。"其他任何名字都配不上气质如兰的她，配不上她这双眼睛。

那些日子，根据胡适先生诗作改编的这首台湾校园歌曲的旋律总在耳边回响："我从山中来，带着兰花草。朝朝频顾惜，夜夜不相忘……"

从未见过这么安静的猫咪，安静得……安静得仿佛不存在。在健康状况好转后，她从猫窝挪到了一个厚厚的蓝色圆垫上，从此就认定了这个垫子，给她一个其他猫咪都喜欢的粉色 Hello Kitty 猫圆垫，她连看都不看一眼。

兰兰是张家第二只奶牛猫，外形与个性都最像原住民张灵灵，却比灵灵更郁郁寡欢，茕茕孑立。如果一定要抱她，她既不反抗也不回应，她的身体语言仿佛在说，抱亦可不抱亦可，可见她心里那块冰疙瘩尚未融化。

真是芳心难测啊。猫的确可以比任何女人都更优雅而淡定。正如诗人徐志摩对其猫儿最高的赞美——"我的猫是一个诗人"那样，如果说灵灵和 Amy 美玲珑是张家猫窝的淑女猫、胖淘儿是迎宾猫和招待猫、小 Ku 是作家猫、憨宝儿是罐头猫、小二黑是坛子猫的话，那么，兰兰就是一只诗人猫，一只新月派的诗人猫，无情的现实把她的情感世界染上了忧郁和寂寥的色彩……

虽然与兰兰相处的日子仅有区区 370 天，但因为她那与生俱来的诗人气质，我很注意珍藏她存世不多的喵星文，并经常拿出来读啊读看啊看：

"清清 dggoo 清清清净净去去去求求。"（2011 年 9 月 27 日）

——既似林妹妹般蕙质兰心、红颜薄命，"质本洁来还洁去"就自然是她

终于能看清她的眼睛了：一双那么深邃、那么美丽的眼睛！

所希冀的归宿了。

"了去 erjie 去了来了来 44 了来了了了。"（2012 年 5 月 15 日）

——根据我对兰兰的了解，她应该是喜欢陶渊明的，尤其是他的《归去来兮辞》，并恐怕早已预见到自己的不久于世：

"归去来兮！……木欣欣以向荣，泉涓涓而始流。善万物之得时，感吾生之行休……"

真是一个小小的悲观主义者。

我把拉面馆及旁边小院的流浪猫急需绝育一事告诉了在一家医院工作的资深救助者徐玉凤女士和多年来给予国内动保人最宝贵与最坚定支持的远在新西兰的海外动物守护神"金椒妈"。在她俩的远近"夹攻"下，刘大姐及其丈夫的工作好不容易做通了，终于同意配合抓猫绝育。当然，带猫去动物医院手术、接种疫苗、住院护理、治疗外伤及其他疾病……为这一切出钱出力的都是玉凤。以下是第一批五只猫咪顺利绝育后我写给金椒妈的一封邮件：

"金椒妈：寄给玉凤菩萨的两个打针用的网子收到了，她说很好用，多谢您。她同时让我转告您的是，刘大姐两口子及其女儿彻底被您和她感动了，看到那五只流浪猫被护理得圆滚滚胖乎乎的，他们一家都很高兴。刘大姐女儿家的那只名猫也已绝育（当然是玉凤安排和付款的）。玉凤还送去了一个猫窝、几袋猫粮和一些猫罐头，刘大姐同意把猫窝放在她家小院里，照顾五只猫咪。对了，五只猫咪中的小黑猫在玉凤的劝说下已由她家的女儿领养。感谢金椒妈和玉凤菩萨！"

玉凤开车和我一起将已康复的猫咪送回拉面馆后院时，不止一个伙计上来搭讪说，我们带走的那只猫（兰兰）是他们养大的，要我们支付其"伙食费"和"抚养费"，而问起兰兰的名字、年龄和特征，谁也说不出个子丑寅卯来。刘大姐说别理他们，他们是看着你们对流浪猫这么好，开的车也不错，又听说你们收养了其中的一只猫，觉得流浪猫"也可以来钱"，所以才商量好来要钱的。这件事最后以我们送去几袋猫粮而告终。我把手机号码留给了他们并对他们说，如果他们真的关心兰兰，欢迎来我家看她，但最好多关心仍然生活在拉面馆后院附近的流浪猫，如有需要我们愿意伸出援手。

渐渐地，云开雾散，兰兰偶尔也会在阳台上打滚嬉戏了。有一天，当我忍不住又将她抱在怀里时，她居然发出了几声娇柔细嫩的"喵"声，这可真是个零的突破啊。

古往今来，和猫咪亲密生活在一起的人很多，但真正能够占有一只猫咪的人却一个也没有。美国最伟大的作家之一马克·吐温更是"语出惊人"："在上帝的所有造物之中，只有一个不会成为皮鞭的奴隶，那就是猫。如果人类可以和猫杂交，那将有利于改良人类，但却败坏了猫。"

据说，斯芬克斯将其永恒的秘密传给了喵星人，所以，喵星人兰兰最喜爱的便是与古埃及斯芬克斯狮身人面像一样的卧姿。几乎总是卧在蓝色圆垫上的兰兰从她那双黄宝石般金色眼睛的深处凝视着这个世界，这种长时间心无旁骛的凝视是只属于喵星人的。这双眼睛折射出的是君子之交淡如水的友情和不可思议的洞察力。她短暂的生命留下的是像她的眼睛一样深邃而美好的记忆。

"就像那些在沙漠里庄严地守望永恒的伟大的斯芬克斯，它们好奇地凝视着虚无，冷静而睿智。"法国大诗人波德莱尔赞叹道。

像兰兰这样一个喵星人喜欢音乐很自然，但竟爱上命运悲歌 Fado 却多少有些出乎意料，命运啊命运！Fado（法朵）一词据说源于拉丁文（Fatum），意为命运（Fate），是葡萄牙著名的传统民谣，在大街小巷的酒馆、都会里的咖啡

渐渐地，兰兰偶尔也会在阳台
上打滚嬉戏了，这可真是零的
突破啊。

馆和会所都可听到。这种音乐擅长表达哀怨、失落和伤痛的情怀，特殊的吉他乐声与独唱者的特有腔调，空灵动人，令听者无不感到哀凄。Fado 的演唱者以女歌手居多。通常只是几把吉他或是鲁特琴伴奏，近乎清唱。声音不能太纯净优雅，最好有些沙哑，要能听得出岁月的沧桑与生命的刻痕。

每次播放 Fado，兰兰都侧耳倾听。不用说，Fado 深深触动了兰兰的心。这个心思缜密的孩子边听边想，我们喵星人的命运为何如此悲惨呢？神秘的Fado 啊，你究竟长得啥样呢？这时候我这个地球人麻麻可就派上用场了。经过一番搜索，麻麻在宜家家居的网站上发现了一盏名为"Fado"的圆形台灯，却原来，命运长得是圆的啊！

在被收养后的第 370 天——2012 年 7 月 20 日，兰兰走了。即使驾鹤西去，她也打定主意不给人添麻烦，一如生前那般宁静。没有了小扣子和小花儿与世长辞时那种撕心裂肺般的剧痛，我久久地凝视着恍若安睡中的兰兰，在她身上轻轻地放上了几朵泰国兰花。

> 轻轻的我走了，
> 正如我轻轻的来；
> 我轻轻的招手，
> 作别西天的云彩。
>
> 悄悄的我走了，
> 正如我悄悄的来；
> 我挥一挥衣袖，

不带走一片云彩。

次日傍晚，北京创纪录的暴雨滂沱。看来，老天爷是要用这样的方式来祭奠头天夜里下葬的兰兰。如果我碰巧生活在 3500 年前的埃及，给兰兰送行可没这么简单：

"古代埃及人对心爱猫类的态度有助于凸显早期文明对猫的重视。举例而言，猫被视为神圣不可侵犯的动物，杀猫者死。如果家中有猫自然死亡，家里所有人都必须服丧，其中包括剃掉眉毛。"著名动物学家和人类学家德斯蒙德·莫里斯的这一研究发现记录在《猫咪学问大》一书中。

"如果没有我的猫咪等我的话，什么样的天国都不是天国。"韩国作家尹暻领在《猫咪满屋——关于与猫同居的一切》里与其爱猫许下了生死之约。

诗人猫张兰兰一路走好，等着我们啊，下辈子见。

这正是：立交桥拉面馆邂逅忧郁诗人猫　生与死一念间昭示脆弱真实相

要领养一只猫，需要重大的决定和深重的思量，以及无限的责任，但是，在领养了猫之后，关于我的爱是完全不需要担心的。

——【韩】李周禧

🐾 喵星人小档案

大名：月牙儿；小名：芽芽
出生：2010 年底或 2011 年初
收养日：2012 年 9 月 19 日
收养地点：原收养人家
往生日：2014 年 3 月 22 日

享年：3—4 岁
性别：女生
毛色：奶牛猫（身白，头顶有月牙形黑斑，黑尾），古称"鞭打绣球"
眼珠：黄宝石色
性格：亲人 + 怕猫

芽芽的故事

　　2014 年 3 月 22 日，正在上海出差的我接到老妈的电话，说芽芽往生了！一切都发生在一夜之间，睡觉前还好好的，次日晨起一看却已经去了……电话里，正患重感冒而声音嘶哑的老妈哽咽地诉说着芽芽最后的 24 小时，一遍又一遍，有关芽芽的往事一幕幕浮现眼前……

　　我对自己说，要把芽芽的故事写出来，因为这不仅仅是一只猫咪的故事，围绕着这只猫咪的诸多人与事也很值得我们思索。一旦选择，终生负责，不抛弃，不放弃，做一个善始善终、负责到底的主人，一个生命对另一个平等的生命所发的誓言，真正做到的能有几人？一个貌似冠冕堂皇的理由就可以轻易放弃所领养的家人般的动物，动物与人该有多寒心……

　　说起来，芽芽是我有史以来领养得最不心甘情愿的一只猫咪了——当然，这跟被领养的猫咪芽芽本身没有丝毫关系。在我前前后后所收养过的众多猫娃中，芽芽的命运算得上是其中最为曲折的。它的生命轨迹大致是这样的：身为一只流浪猫，2011年10月被张青女士救助，又九死一生地扛过了一场猫瘟，2012年初被张青女士护理好后找到领养人W，数月后W因婆婆的到来而退养芽芽，我几乎是被迫地接手了她。张青女士希望减轻我的负担，又千挑万选地接着给她找到了领养人晓丽，却因跟晓丽家狗狗不和而于一周后被退回到我家。2014年3月22日芽芽过世……

芽芽故事里的人物真不少：张青女士、领养人W、领养人晓丽、最后的领养人也就是麻麻我、关心芽芽的金椒妈、皮特、福福妈、最疼爱芽芽的奶奶……

还是从芽芽和我如何结缘说起吧。2012年8月，因为合作过一些动保项目而相识的W女士不经意间对我提起她家有一只猫，本来她和她老公、儿子还算喜欢，但新近丧夫的婆婆从外地搬到北京来和儿子一家三口同住，不知芽芽跟她是怎样的恶缘，无论如何谨小慎微、努力做只隐形猫，也入不了婆婆的法眼，坚持要把芽芽送走，而且要快。于是她就"自然而然"地问我这个家里已经收养了很多猫的人能不能收养芽芽，因为在她看来，这实在是小事一桩。你们不是爱猫吗？你家不是有很多猫吗？现在我这只猫不要了，你就赶紧接走吧，理所应当啊。

这是我最怕听到的事，发生在"动保人"身上更是动保理念的失败，套用一个老电影名：《不该发生的故事》。W是受过良好教育的人，对待动物尚且如此，遑论普通人了，所以说动保任重道远呢。从2012年9月7日接到W的第一封求助邮件到9月19日把芽芽接回我家，中间一共用了12天。

一开始，我并未如她所料那般爽快地答应收养，原因很简单，我不希望她对一只曾郑重承诺负责到底的生命如此始乱终弃，不希望助长其不负责任的行为。其实我心里知道，最后实在没辙我肯定会把芽芽接回家的。我开始给她写邮件，并抄送她也认识的远在美国的皮特和福福妈、新西兰的金椒妈（皮特是休斯敦大学的副教授、美国人道对待动物协会的中国政策顾问，金椒妈和福福妈是中国动保事业最坚定的海外支持者）。我们一起苦口婆心地做她的工作，希望晓之以理动之以情，最终能打动她，让她回心转意，却不料我们的努力以失败告终。

这是皮特写给她的长信：

我是 Peter，听到此事心里难过。不知你是否知道我的情况。我 20 年前来美国留学时，从北京带来了家里的猫（算是中国留学生第一个带宠物出国留学的人），4 只全来了。因为难于割舍它们，把它们送谁呢？谁能像我们一样对待它们呢（当然这个想法有点自恋、目中无人）？我家的猫有的受过很多苦，到我家后才能吃上饭，有了家，不用害怕了。我们就是怕它们会重新在街头要饭、被人欺负，才下决心把它们一一带来美国。我大女儿出生前，岳母大人（国内某名牌大学的化学教授）郑重地对我说：家里 5 只猫会对母体中的婴儿造成伤害，生出了弱智儿和不健全的孩子怎么办？国内医生都建议，有孕妇的家庭要把宠物处理掉。我回答，您也是科学家，怎么会听信此等缺乏科学的偏见？但我们还是咨询了美国医生，回答是：只要猫打过疫苗、家里卫生良好，家猫使婴儿弱智和残缺的说法是没有根据的。美国 78% 的家庭有猫，难道 78% 家庭都生有傻孩子吗？医生说，孕妇就不要打扫猫的屎盆子了，猫的粪便和人的粪便一样，孕妇都不要接触。就凭这个医生的话，以及我们自己的不忍心，没有把猫猫送走。我的女儿出生 3 天后回家，5 只猫哥哥猫姐姐排队欢迎妹妹回家。从那以后，它们好像商量好了一样，轮着跳进妹妹的摇床，睡在她的脚下。我有无数的录像资料，抓住了这种甜美的情景。我的女儿健康如牛，学业优秀，从来没有从班上前两名的位置上落下来；她是学校女生网球的第一名，也是学校乐队的第一小提琴手。看来，猫猫们对她没有任何不良影响。相反，我两个女儿都爱猫如命。放学回家的第一件事，就是搂抱和亲吻每只猫猫，宠物是小孩子成长中很重要的一课……

9月19日，我和动保战友徐玉凤一起去 W 家接回了芽芽。在去接芽芽前还有个插曲，玉凤和我去给我的同学 XL 送月饼和茶叶（XL 家里收养有近 30 只流浪猫狗），结果在他们小区里看见一只猫妈妈和两只小奶猫，玉凤当即决定收养这一家子，由天天照顾它们的 XL 顺利地把一家三口都装进了猫包里，一看不要紧，猫妈妈患有严重的口腔炎，幸亏被抓住了，玉凤马上带她去看兽医。谢谢玉凤给这无家可归的一家三口一个最温暖的家和最无私的爱，它们"一步登天"了！

原以为芽芽的故事就到此为止了，却不曾料到后面还很有些起伏。芽芽刚到我家没两天就接到一位自称名叫张青的女士的电话，"急赤白脸"地问我芽芽是不是在我家，她要马上过来把她接走，因为当初是她救助的她，而 W 把芽芽转给我收养根本没跟她通过气！

我一头雾水。果真如此，那 W 为何违背承诺——因为领养人有任何不能继续照顾所领养动物的情形，都必须第一时间与原救助者联系，退回给救助者，而绝对不能将之抛弃或私自转给他人收养……这些地球人都明白的 ABC 道理难道签过领养协议的 W 会不知道吗？还是无视协议图省事尽快甩掉芽芽这个包袱？那位"婆婆"谁也没见过，去 W 家楼下接芽芽时也没见到，所以，正如一位动保战友所说，"连该婆婆的真实存在性实际上都应该打个问号，也许根本就是子虚乌有，一个借口而已……"

芽芽的命运是张家猫咪里最曲折的。

看看张青女士的日志就明白了：

芽芽是我最疼爱的猫咪，也是经历了太多的不幸与幸运的猫咪。

先说第一个不幸和幸运：那是 2011 年的 10 月的一天，我在喂猫点发现了新来的芽芽，个头不大，脚步轻轻，当时白色的毛还不算脏，她在四处张望，好像是在找谁。上前摸了一下，马上就往你身上贴，估计是谁刚扔出来的，看着小样实在让人心疼，得了，今天算你撞上大运了，妈妈带你回家吧……

第二个不幸和幸运：本该走向幸福的芽芽，回到了家，却在不久得上了可怕的猫瘟（也许是过了潜伏期），医生劝我别救了，生还的可能很小，可我做不到，我不能也没有这个权利眼看着一个鲜活的生命被我放弃。芽芽大摊大摊地拉血，已经奄奄一息了，那几天我把小时候省下的眼泪都倾倒了出来。住了十几天医院，在宠福鑫的大夫们精心治疗下，芽芽用掉了九分之一的一条命（都说猫有九条命），硬是从死亡线上挣扎过来了，经过一个多月的调养，芽芽又重新活跃在我家的各个角落了。

第三个不幸和幸运：今年年初，大病愈后的芽芽和一起寄养的姜花、平安和熊宝宝先后找到了幸福的家，那些日子我高兴得嘴都合不拢了，尤其是芽芽，我对她的领养人是挑了又挑，选了又选，最后选定了一位也是搞这方面公益的组织的成员，无论是她的理念和决心都使得我心里很踏实。

第四个不幸和幸运：说到这我真是欲哭也无泪，这个领养人因为婆婆的到来，容不下这个可爱的小生命，执意要退回芽芽，而且等不到我们再努力给芽芽找合适的新妈妈，就将芽芽送到了一个家里已经有很多猫的动保人士家。当我知道这事后眼泪止不住往下流，这是我为芽芽第二次流泪。无数个电话打过去，没开机，于是设想了很多可怕的场景，家里乱糟糟，没有条件吃好一点的猫粮，做不到定期免疫，芽芽被很多猫欺负到墙角、床下，一副可怜兮兮、恐惧的样子……

发短信，比较强硬地跟对方说我要去接芽芽（有些失态了）。过了难熬的一个小时，一个亲切的声音回电话了，然后的一番话，把我的胡思乱想全都融化了（尤其说到芽芽很有占有欲，不管张女士有多忙，就是要独占她的怀抱和臂弯）。她是好人，请原谅我的不够理智，惭愧！！

张丹女士在百忙中给我发来了芽芽的近期照片，看到久别的芽芽，神采奕奕，毛色顺滑，家里很温馨，整洁雅致，真的庆幸芽芽一不留神掉进了一个幸福的大坑里了，放心了，谢谢张丹女士。

在一所大学工作的张青女士和我因为这场"误会"而成了朋友，我们都爱芽芽——她是芽芽的救命恩人，我是芽芽现在的麻麻。她说不想给负担本来就很重的我再增加负担，所以还在寻找好的领养人。

过了几天，她说有个叫晓丽的姑娘想领养芽芽，真心喜欢猫咪，条件特别好。有了 W 的前车之鉴，我隐隐担心这么年轻的"北漂"女学生会是多好的领养人吗？绝不能再让这孩子受二茬（三茬？）罪了……11 月 2 日收到晓丽的来信：

张丹阿姨：您好，我是晓丽，请允许我照顾芽芽！昨天晚上去猫咪有约网站，想领养一只猫咪，看了好久，看到芽芽的照片，头

顶上一撮黑黑的毛发，好惹人爱的感觉，然后就点进去看了，一下子就喜欢上了这个小家伙。

我也是个爱动物的人，先给您讲讲我以前养狗狗的故事吧。2008 年的时候我养了一只狗狗，取名"胖子"。胖子是我跟表哥和姐姐去通州买回来的，是一只小比熊，特别可爱。可能是我跟胖子没有缘分吧，他来我们家 8 天就走了。

胖子来之前我把该准备的东西都准备好了，狗粮啊、小屋啊、玩具啊什么的。但是胖子来我们家就过了两天好日子就开始生病了。

……

从那天开始，我每天两次带着他去医院输液，上午一次，下午一次。

……

在他生命的最后一个晚上，不知道为什么那天睡不着，我一直坐在客厅里，看他在沙发上卧着，呼吸特别不均匀，看他痛苦的样子，我把他抱了起来。抱起来的那一刻，眼泪一下就出来了，感觉抱的不是一个小生命，而是一个毛绒娃娃，很软，很没力气。我感觉不到他呼吸，很微弱，鼻子里还不时地呼出血丝……脑子一下就蒙了，空白了，不知道该怎么办，只是眼泪一直在流。

……

今天我问张青阿姨我可不可以养芽芽，阿姨觉得我还是学生不合适，也许阿姨的考虑是对的，但我还是再次恳请阿姨允许我照顾芽芽。阿姨告诉我芽芽的经历很坎坷，还给我看了她写的日志，从第一次见到芽芽，把芽芽接回家，到芽芽生病、治病，最后遇到了您。

真的，看得我好感动。隐约之间芽芽跟胖子的经历有点像，他们都经历过生死，但是我的胖子没有坚持过来。所以很能理解芽芽的心理，她多么需要人关爱，我想照顾她，让她忘了以前的种种坎坷和不愉快。动物们虽然不会说话，但是用心去跟他们交流，他们其实跟我们一样，需要爱，需要有人陪。

……

希望您能给我这个机会让我去照顾芽芽，谢谢您！

看得出来，晓丽是个好孩子，于是我回信给她：

晓丽你好。很高兴你与芽芽如此有善缘，相信你们一定会成为最好的朋友，一起健康成长，共享美好生活。也相信你一定会一旦选择终生负责，不离不弃，视同家人。生养我们的父母或我们的家庭我们无法选择，而猫猫或狗狗却是我们唯一可以选择的亲人。看了你以前与动物朋友的故事，虽然胖胖是买的，但相信那是因为那时你们还不懂得以领养代替购买的道理，不知道猫贩子狗贩子以动物牟利、一旦动物对其没有经济价值就弃之如敝屣或直接卖给狗肉馆、羊肉串摊主的真相。领养芽芽的事你们全家都一致同意吧？因为只要家里有一个人不赞成或勉强同意，就意味着芽芽不会有好日子过。如果领养芽芽、对芽芽负责到底是全家经过慎重考虑后作出的决定，那么我同意把芽芽交给你。还有一个建议是，能否考虑再领养一只猫咪给芽芽作伴？一只猫咪未免太孤单了些。若能有个伴儿，对身心健康都好处多多。来接芽芽时是开车还是打车？有猫旅行箱吗？猫儿用品家里都备齐了吧？其他的领养注意事项相信张青女士一定都告诉你了，比如，最坏的情况，你因为不喜欢芽芽了或其他任何原因不能继续把芽芽留在家里了，请万勿遗弃或随意送人，请一定送回给我或张青女士。请多上网搜集猫咪护理及生理、心理方面的知识，做一个称职的主人。谢谢你好姑娘。

晓丽接走了芽芽，结果却因跟她家狗狗不和而被我第一时间接了回来（尤其是在奶奶的坚持下）。

最高兴的是奶奶。每晚的电视时间，奶奶倚靠在沙发上，芽芽则反方向卧在奶奶的左手臂上，间或伸出左爪温柔地摸摸奶奶的脸，这是芽芽表达感情的方式。芽芽往生后，每到电视时间奶奶都会想起左臂上曾有的那份温暖……

3月22日芽芽过世后，我发短信给台湾来京、师从北京大学楼宇烈教授攻读博士学位的圣玄法师："我家猫娃月牙儿（芽芽）今天突然往生了，恳请师父为它超度。"

5月11日接到圣玄法师的如下邮件："阁下爱猫亡灵月牙儿于三月二十二日往生，圣玄当天获知本案，并立即为其作七七佛事，今日圆满在案。相信亡灵已蒙诸佛菩萨护佑，投胎诸佛净土。再一次，感恩有机会与亡灵结善缘，送其走完此生的最后一程，特此敬申谢忱。"

感恩圣玄法师慈悲超度芽芽，我们芽芽真的有前世修来的大福报。

这正是：领养猫随意弃何谈一诺千金　苦命娃多辗转往生终得超度

上帝创造出猫，是为了让人类体会到爱抚老虎的乐趣。

——【法】维克多·雨果

喵星人小档案　　　　　　　　　　院小区

姓名：铃铛　　　　　　　　　　　年龄：5 岁
生日：2009 年 2—3 月　　　　　　性别：男生
获救日：2009 年 4 月 19 日　　　　品种：虎斑狸花猫
获救地点：北京城西中国水科　　　　眼珠：黄宝石色
　　　　　　　　　　　　　　　　　性格：怯懦与威武兼具

猫是虎老师——帅铃铛与客居猫

如果说不明来路的花儿朵朵是从"天上"掉下来的话，铃铛就是一只来自"地狱"的喵星人。

2009年4月19日是个星期天。午饭后，趁去北大周末读书会前的空档，给隔壁水科院小区一座塔楼地下二层的裁缝郎师傅送去一些家里富余的衣架。还没走到郎师傅所住的那栋楼，就听见一声声凄厉的猫叫声！是从地下室窗外深深的夹层里传出来的，赶紧跑到楼侧面地下室伸出的天窗一看，一只小小猫一边用沙哑的嗓子呼救，一边拼命往垂直的墙上徒劳地爬啊爬！

一位年轻的母亲和她年幼的儿子趴在那儿看，说小猫至少已经叫了两三天了，她们想救可救不出来，小窗户上的钢条缝太窄，根本爬不进去。情急之下，我跑去找来两位民工师傅帮忙，一通忙活，从地下二层的窗户爬到小猫所在处，满身污垢的小家伙终于得救了！"重金"谢过民工师傅，忙带小猫回家。

不满两个月大的小不点儿显然被这场意外吓坏了、渴坏了、饿坏了、累坏了。

洗完澡把他裹在浴巾里递给奶奶，身上的毛毛还没干透就躺在奶奶的臂弯里安心地睡着了。他入睡后所发出的呼噜声如此之小，只有把耳朵贴近他小小的身体才听得见。小呼噜是"平安无事"的信号，传递出语言无法表达的爱意。

睡了一大觉醒来，小不点儿犯迷糊了：咦，新家怎么有这么多小伙伴啊？它们怎么都那么高那么大啊？那么个小不点儿，却对这一屋子的大哥哥大姐姐谁都不怵，不论见了谁都无比生猛地扑将上去试图抱住对方的脖子，因为个头儿实在太小而不得不像个小人儿似地立起来伸手去"够"对方，却往往因站不稳脚跟而晃晃悠悠地向旁边倒去……没关系，爬起来接茬再战，屡战屡败，屡败屡战，越战越勇，毫不气馁，真是初生牛犊不怕虎！

这个几天前还在死亡线上挣扎的娃娃似乎把什么悲惨凄凉的记忆都抛到九霄云外去了，充满了活力，充满了阳光，只偶尔从照片中端详他的眼睛时，才发现似有挥之不去的忧伤。喜欢孩子的模范妈妈白珍珠最爱把他抱在她温暖宽厚的怀里舔个没完。

大约一周后，我把小不点儿抱到阳台上的篮子里，给他戴上前面有个小红铃铛的红颈圈拍照。小不点儿戴上小红铃铛的模样实在萌极了，于是干脆就叫他"小铃铛"了。小铃铛是家里最上镜的猫宝宝之一，留下了无数张萌照。

由于他曾亲身体验过的恐怖经历，幼时的他非常黏人。动物心理学家说，这是因为喵星人把拯救或帮助过它们的地球人认作了"继母"。每当我这个"继母"把他抱在怀里时，他总是把他的小身体紧紧地贴住我，眼珠不住地盯着我看，那份感恩和依恋溢于言表。

喵星人的童年转瞬即逝，还没看够他的萌样，小铃铛就长大了。成年后的铃铛，鼻梁又高又挺，中间还有一道竖着的鼻线，长得酷似兽中之王老虎，这本不足为奇，因为猫就是小虎，虎便是大猫，同为猫科动物的猫本来就是虎的老师嘛！"猫——你这袖珍的猛虎！"被主人唤作"老虎"的猫咪格外多，英国著名的作家三姐妹——勃朗特姐妹的爱猫就是其中之一。南宋诗人、词人陆游在其猫诗之一中写道："仍当立名字，唤作小於菟"——於菟，虎之别称也。

"猫……尽管跟人类交往，却依旧不失其本能与独立。这种天生的优势可能正是它们魅力的关键所在，引诱我们想拥有一只属于自己的'家虎'。"英国作家哈沃德·洛克斯顿在《猫：九十九条命》中深入探讨了猫与人的关系。"还有更重要的原因让我们想跟猫一起过日子——它们多变的性格和非常独立的个性。"

虽英气逼人，力大无比，却温柔顺从，即使给他剪指甲或洗澡，即使他再害怕再紧张，也只是虚张声势地狂叫和挣扎，却绝不会伸爪抓挠。大约是觉得男孩子整天被麻麻抱在怀里有失体统，他渐渐变成了一只游离于张家猫窝核心范围之外的边缘猫乃至隐形猫。隔三岔五地会看到他被胖淘儿、龟田小队长、国庆等几个坏头头追得满屋跑，奶奶说他是一只"纸老虎"。

铃铛的毛越长越长，又不喜欢梳毛，所以，身上出现了好几个牢不可破的死疙瘩。盛夏的一天，麻麻我下决心用电推剪把这些疙瘩一扫而光，结果你猜怎么着？铃铛突然从"纸老虎"变成了一只名副其实的老虎，横扫张家猫窝无敌手！

我分析，有可能是因为那些让他长久以来纠缠不清的疙瘩一朝被剃光，他心上的疙瘩也随之而去，壮士威武再现！抢罐头吃时，铃铛不仅冲锋陷阵，而且还果断伸出他那强而有力的铁爪钩住罐头内侧，直接把罐头拉到嘴边，试图将其硕大的狮子头往里面拱去！每到这个时候，没我这个"继母"用勺子帮忙还真不行，只能干着急却吃不到嘴里。

喵星人的童年转瞬即逝，还没看够他的萌样，小铃铛就长大了。

成年后的铃铛，鼻梁又高又挺，中间还有一道竖着的鼻线，长得酷似兽中之王——老虎。

客居猫汤圆和Becky。

剃去疙瘩后的另一个变化是，兴之所至，铃铛必高歌一曲。他的声音是所有男孩儿中最洪亮、最深沉的。一旦"喵"将起来，不得了，声震屋宇，回音绕梁，俨然猫界的普拉西多·多明戈（著名西班牙男高音）——"今夜无猫入睡……我的太阳啊即将升起！"

也有这样的时候，他的喵声宛如清净佛铃，闻其声者，皆获"烦恼轻，智慧长，菩提增"的大利益。

2014年春节前夕，最疼爱Lucky99的美女姐姐斐回新疆老家过年去了，把她的两个宝贝猫娃送来寄居一个月。1岁大的汤圆（苏格兰折耳猫）和14个月大的Becky（英国短毛猫）都是人家给她的。当时她告诉我，今年夏天她就要赴英攻读硕士学位了，到时候她要把俩娃娃一起带去，为此她早已多方咨询，设计好了让它俩受罪最少的航线——虽然这意味着需要支付更多的费用。

出乎意料，原来性格有些孤僻的小老虎铃铛竟跟这两只客居猫成了好朋友。通常猫咪最不喜欢换环境了，但在铃铛的帮助下，这俩娃娃只用了两三天时间便适应了新环境，并迅速融入了俺们这个猫咪大家庭，各得其乐。

铃铛常和汤圆一起趴在我的电脑旁，眼睛定定地望着我，像是在问："麻麻你在写什么呢？有没有写我和汤圆啊？"那张酷似小老虎的面容温柔多情。如果你与他对视或唤其小名"铛铛"！他必会响亮地"喵"上一声作答。Becky呢，来了没几天就养成了一个习惯：喜欢在我低头做事时跳到我背上或肩膀上自上而下威风凛凛地观察周遭的风景。

每只猫儿都有自己独特的性格。世界上没有两只重样的猫儿，就像没有两个一模一样的人一样。猫的世界、人的世界都因此而更丰富多彩，充满魅力。英文中的"Animal magnetism"所指的便是动物磁性或曰个性魅力。

春节后，斐回京接走了俩猫娃。原以为它俩就乖乖地等着赴英陪读了，不料 5 月里的一天突然接到斐的电话，说汤圆在一夜之间穿越了彩虹桥——往生了！电话里，斐哭诉着汤圆最后的情形，各种后悔和自责……我的眼泪也止不住流了下来，为这个不幸夭折的可爱喵星人，为生命的脆弱与无常。

把这个噩耗说给铃铛听。他静静地听着，不发一言。少顷，突然仰天长啸三声，"喵呜——！喵呜——！喵呜——！"呜呼哀哉！汤圆走好！

6 月初，斐退掉了在京所租的公寓回新疆等签证，临走时把 Becky 送来我家寄居，说好等她到英国租好房子、置办齐所有猫咪用品后，宠物托运公司就会上门把 Becky 接走，送到英国与她团聚，路径是北京—深圳—香港—伦敦。

可能是因为对汤圆猝逝的伤感，铃铛加倍地对 Becky 好，尽量减轻他因即将发生的诸多变故而产生的焦躁情绪。他俩相逢时必双双站定，互相亲吻鼻子和面部，毫不马虎，持续良久。

1 个多月后，斐接到托运公司的坏消息，说根据最新规定，Becky 将不得不在香港隔离 3—4 周，而原定的时间不超过一周！来我家接 Becky 的是托运公司一位牢骚满腹的司机，开着一辆没有空调的小面包车，连猫旅行箱的开关都找不到，刚一出我家的门就把旅行箱摔落在地，碰掉了挂在上面的水壶，害得 Becky 受惊吃苦。奶奶和我不由得开始非常担心……斐从伦敦打来电话，诉说她与托运公司交涉的情况，后来又告诉我 Becky 在香港的寄养中心条件很差，她正在紧急联系换到条件好些的寄养中心去……

真是造化弄猫啊！Becky 宝贝，铃铛、奶奶、麻麻和大家都祝你一切顺利，尽快抵达伦敦，与朝思暮想你的姐姐团聚，开始你全新的猫生。你——即使是为了乖汤圆——也一定要幸福啊！

这正是：地下室遇险情小铃铛获救援 斐姐姐客居猫不同命自随缘

它们讨得你的欢心，迫使你面对它们的各种需要，了解它们，最重要的是去想象它们的感受和希望。不经过这种努力，人要怎样摆脱自私与成见累积而成的冷酷与麻木呢？所谓设身处地、同情共感的能力，要从何而来呢？没有这种能力、不培养这种道德敏感度，我们又怎么会有动机去跨出自己、关怀他者呢？

——【中国台湾】钱永祥

> 😺 喵星人小档案
>
> 大名：缺心眼子；小名：皮球、　　　球球；外号：张家猫叔
> 出生：2010 年
> 收养日：2011 年 1 月 10 日
> 收养地点：被原主人送上门来的
>
> 年龄：4 岁
> 性别：男生
> 毛色：短毛，以白色为主，头顶、　　　尾巴和背部为黄色
> 眼珠：黄宝石色
> 性格：宽容厚道 + 淡定从容

吾家猫叔缺心眼子

今天你猫叔了没？

啥？猫叔是谁？连猫叔都不知道啊？那你可真是太 out 啦！

"猫叔，即'篮子猫'（日语：かご猫），超级明星猫，日本第一憨脸，治愈系萌猫 No.1，史上最销魂眼神与最淡定表情拥有者。真名'大白'，出生于日本岩手县一户农民家庭，其主人为他设置博客，每日更新，最初以头顶万物的造型和无忧无虑的生活状态而风靡日本，被日本人誉为'禅宗大师'和'世界上最知足悠闲的猫'，被中国网民亲切地称为'猫叔'。

"乡下猫咪早当家，卖萌只是其副业，猫叔的主要工作是看家护院、帮忙种田，虽然经常给主人帮倒忙。由于长期跟随主人下地干活，大白同学在植物分类学、作物栽培与耕作学等方面造诣颇深，另外，在卖萌方法学、处事方法学、快速钻筐子学、快速团蛋儿学、随时随地睡觉学、爬树学等新兴学科上也有突出贡献。"

为什么要介绍东瀛那边的一位猫叔呢？原因很简单，因为我家的缺心眼子无论是外形、神态和性格都太像猫叔了啊！不止一个人第一眼看见缺心眼子就异口同声地脱口而出："哎呀，这不是猫叔吗？！"您瞧瞧！

为数众多的网友总结了猫叔的六大无敌魅力，对照着看我们家的缺心眼子，发现他和猫叔简直就是走失的亲兄弟——至少也是表兄弟！

一、平视美

日本猫叔："猫叔以一种平视的视角出现在我们眼前。平视是人与人之间的凝视，猫叔以对话者的角度出现在人的世界里，自然惹人喜欢。这是一只任何人只要与他对视三秒钟就一定会会心微笑的猫。"

张家猫叔：在奶奶和麻麻进餐时，为了更好地掌握这两个地球人都吃些什么（You are what you eat），他会跳到餐桌靠墙端的红色搁物架上，侧卧，全身放松，头部向下前倾，用半睁半闭的眼睛注视着我们（唔，一个吃肉，一个吃素），直到用餐结束。这是一天中他和我们最主要、最集中的眼神和感情交流平台与时段。每当此时，吃素的麻麻必说：谢谢乖球球（张家猫叔的小名）陪麻麻吃饭，麻麻吃得真香啊，谢谢球球！

二、质朴美

日本猫叔："黄白相间，圆大头，身体胖而四肢短，眯眯眼。没有华丽的外表、张扬的行为，像一个克己的日本主妇，举手投足中，呈现出自然态的恳切，由猫性的坦诚升华为人性的忠厚。猫叔是忠诚的猫叔，忠于日本，忠于大自然，忠于主人，忠于鱼。猫叔是日本忠文化的象征。"

张家猫叔：两位猫叔长得别提多像啦，除了一点，日本猫叔是五短身材，而张家猫叔则是高头大马。我们眼睛虽然小但聚焦准啊，上睫毛虽然有点倒挂但飞虫灰尘跟咱无缘哪！张家猫叔很少发出喵声，不希望吸引任何人或猫的注意，先把自己活好，不给别人别猫添麻烦，这是他的为猫信条——当然，别猫需要帮助时伸出援爪例外。多年来始终奉行独立、不结盟、做猫要厚道的外交政策，深得各种猫心。

三、安静美

日本猫叔："猫叔是安静的猫叔。安静的日本海，忽必烈望洋兴叹。安静的日本农家，终南山般的悠然。安静的猫叔，面对一只小鱼，有我自岿然不动的优雅。猫叔是日本静文化的写照。"

张家猫叔：是经得起各种诱惑的猫叔，无论是罐头、猫薄荷还是美女猫，他都不动如山，从不会像其他喵星人那样争先恐后一拥而上。但他不会轻视或蔑视，而只会用宽容、理解的眼神静观世间万象。

四、从容美

日本猫叔："猫叔是目空一切的猫叔。眯着日式小眼睛，任凭日本风雪，与主人共生共荣，无视大鱼诱惑，纵容孩子胡闹。猫叔眼睛一闭，就离开了周围熙熙攘攘的世界，自我修行。禅意之猫。猫叔是日本空文化的代言人。"

张家猫叔：作为一个内观禅修者，张家猫叔明白，忧悲苦恼的成因是内心的不净杂染，而不是外在的其他原因。色即是空，空即是色。为此，他勤修戒定慧，熄灭贪嗔痴，默默地为所有喵星人祈福，并愿一切众生快乐、安详、解脱。

五、平民美

日本猫叔："猫叔是平民化之猫。生活气息的时尚打扮，又稍缺那么点文化品位，宛如生活中的一个普通日本平民。猫叔究竟算不算日本战后民主政治的产物呢？"

张家猫叔：就长相而言，张家猫叔既没有浓眉大眼也没有美丽的皮毛，但却因其亲人亲猫的气质而易于融入任何一个群体。从年龄来看，在张家喵星人中，4 岁的他猫龄既不算大也不算小，反正足够给加加、南南、冬冬、小北、小满仓、Lucky99 等晚辈当猫生指导大叔就是了。

六、道之美

日本猫叔："猫叔是道家之猫。道生一，一生二，二生三，三生万物。猫叔看主人一眼，主人让日本人每天宠猫叔两眼，日本人又让世界人民都喜欢猫叔。猫叔负阴而抱阳，公猫叔，每天又一副婆婆姿态。'道家之猫'实至名归。"

张家猫叔："夫唯不争，故天下莫能与之争。"——老子的名言简直就是为两位猫叔所写的啊！张家猫叔属于那种不显山不露水的喵星人，无论"遇见谁我都变得很低很低，一直低到尘埃里去，但我的心是欢喜的，并且在那里开出一朵花来"。

张家猫叔最早是被一位在央企工作的女友 D 收养的，她在开车去一个家具城购物时在河边发现了还是只小奶猫的他，取名河小宝。后来 D 搬家、怀孕，就把河小宝给了她一个女同事。女同事租的房快到期了，又把河小宝还给了她。2011 年春节前夕，D 要回老家探亲，便把河小宝塞给了我，当时说是"寄存"，春节后总会有办法的，结果一去不回头……

到我家时的猫叔刚满 1 岁。与世无争，傻乖傻乖的（奶奶语），显得多少有点缺心眼儿，直接叫"缺心眼儿"吧，又显得太没文化太过直白不像个名字，那到底取个啥名好呢？

突然想起当年在影片《四十不惑》剧组采访时，女主角宋丹丹曾开玩笑说，日本女人不都叫这个"子"那个"子"吗？我要是给自己起日本名字的话就一定起个全世界独一无二的，要么不如干脆就叫"苍蝇蚊子"吧！太有才了！

受她启发，我决定给这只猫儿起名"缺心眼子"，估计不会有重名者，跟

日本猫叔（右）与

张家猫叔长得别提

多像了。除了一点，

日本猫叔是五短身

材，而张家猫叔则

是高头大马。

宋丹丹的"苍蝇蚊子"有一拼。可这名字再怎么绝也有点长，所以又给他取了个小名叫皮球或球球（奶奶说他是橡皮脸）。也正是因为这样的性格，缺心眼子才如猫叔般自然而然地成为张家猫窝最有喜感、啥时候看见都不由得笑出声来的喵星人。

2009 年，日本雅虎举办了首届"猫咪懒洋洋坐姿大赛"。在这场共有 384 只猫儿参加的评选中，猫叔以 2264 票勇夺亚军。可惜是在日本举办，要是我们缺心眼子参赛的话，排名肯定也不会低！他的各种坐姿堪称奇葩，其中最拿手的就是背靠转椅轮子或冰箱垫脚，袒胸露肚，小 JJ 走光无遗！虽有伤风化，却屡教不改。小节耳，拘不拘且由他去吧。

日本人爱猫、日本的猫文化都是大大有名的，150 多年前日本浮士绘大师歌川国芳就曾绘制了栩栩如生的《百猫图》。这个岛国的人们不仅将每年的 2 月 22 日定为"猫之日"，而且还有各种猫明星、猫神、猫书、猫动漫、猫故事片、猫纪录片、猫咖啡馆、猫岛、猫车站、猫站长、猫寺、猫冢……招财猫、哆啦A 梦机器猫和 Hello Kitty 凯蒂猫等风靡全球。猫的报恩、灵猫救人的故事在日本妇孺皆知。日本人相信，猫能给善待他的人家带来好运、财富和姻缘。

在这人心不古、惶惶不可终日的世界上，猫叔何以如此走红无须赘言。猫叔是超越国界与物种的。凡有猫之地就必有猫叔，我们缺乏的不是猫叔，而是发现猫叔的眼睛。远在天边近在眼前，何其幸也，我们张家猫窝就有这么一位给人带来正能量的猫叔。

再说每次奶奶或麻麻从外面进门时，缺心眼子都削尖了脑袋要挤出去。

"球球回来！球球回来！"

才不回来呢！就不回来！在楼道里跑来跑去地撒欢儿好不快活！

"再不回来关门啦！缺心眼子！"

还是不回来，哼……

大门被咔嚓一声关上了。球球马上就傻了眼，愣在那里，一二三，然后开始抓狂！抓门挠门，跳起来用身体去压门把手，一看这些都打不开门便开始狂叫！

"喵呜！喵呜！开门！开门呀！奶奶！麻麻！救命！救命啊！哭啦！哇哇！开门呐！开门呐！"

其实奶奶或麻麻根本没走开，正带着恶作剧的心态，透过"猫眼"笑看着球球的全套程式化表演，他才刚叫了没几声心就彻底软了，赶紧打开门，只见球球飞也似地蹿将进来！

"看你还敢不敢再跑出去了！"下一次却依然如故。

我以为球球这样做只是出于单纯的好奇。直到读了动物行为学家德斯蒙德·莫里斯的《猫咪学问大》一书后才知道个中缘由：

"猫痛恨门。在猫科动物演化史中，从来就没有门的立足之地。门时常阻碍猫的巡逻活动，让它无法随心所欲地探索自己的巢域，也无法自由自在地回到安全的中心基地。猫需要简单地巡逻一下自己的领土，了解邻近地区其他猫的活动，然后带着所有的必要信息回家，而人类经常不了解猫的这项需求。猫喜欢频繁地出去巡视，但并不想长时间地待在户外，除非当地猫口状况发生了意想不到的特殊变动。这就形成了宠物猫显而易见的乖张性格。它在室内时就想往外跑，在室外时又想进来……"

原来如此啊。

今年 3 月，缺心眼子突然精神萎靡不振起来，怎么找都找不到原因。直到有一天发现他喉部的皮毛被黄色的液体浸湿，仔细一看，是从一个又深又大的脓肿洞口里流出的！天哪！把他塞进猫包就呼哧呼哧地打车往医院跑，医生一检查完马上就上手术台为他清理那似乎无穷无尽的蓄脓，总算有惊无险！

住院治疗 40 多天，每次去看他，他都表现出离家住院的孩子常有的对亲人的无限依恋之情，这对平时感情从不外露的缺心眼子而言实属罕见。可见叫缺心眼子还真有点委屈了他，没准儿人家那才叫大智若愚呢，不稀得跟你们地球人一般见识！

这正是：日本猫叔张家猫叔都是猫叔　缺心眼子与世无争大智若愚

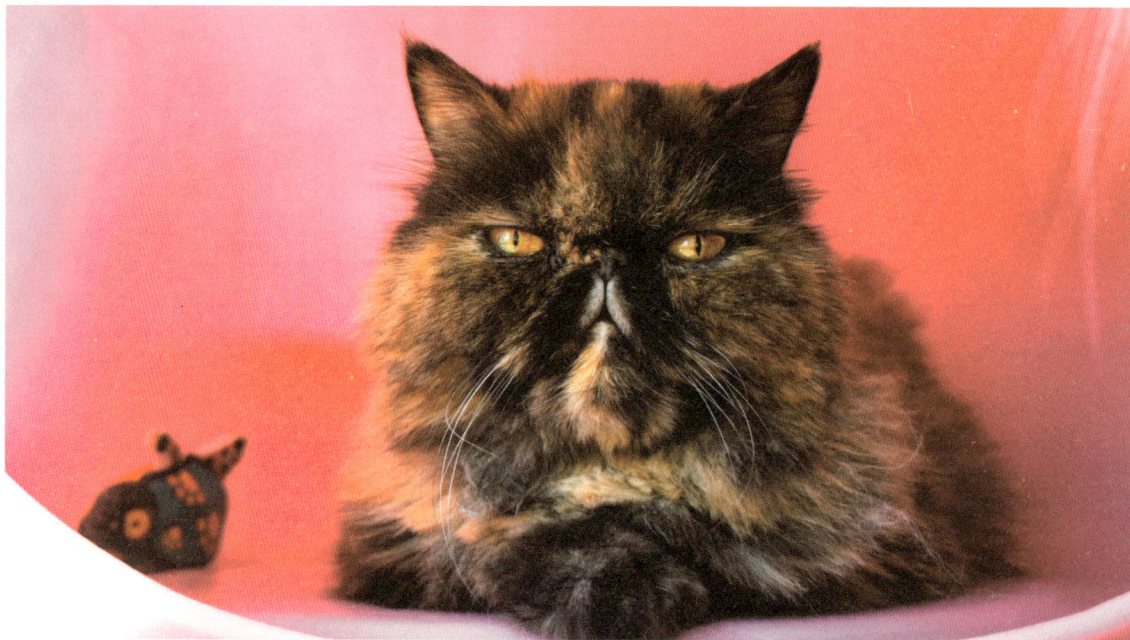

我向星星许了个愿。我并不是真的相信它，
但是反正也是免费的，而且也没有证据证明它不灵。

——【美】世上最有名的加菲猫

😺 喵星人小档案

姓名：张加加
出生：2010 年
收养日：2012 年 4 月 28 日
收养地点：某小区一大户人家
年龄：4 岁

性别：女生
品种：加菲猫
毛色：玳瑁色（即黄、黑、白三
　　　色杂糅）中长毛
眼珠：黄宝石色
性格：亲人＋亲猫

我很丑可我很温柔—— 加菲猫加加

在收养加加之前，我对加菲猫的了解仅限于：

"加菲猫（GARFIELD），全球著名的卡通形象，自从 1978 年 6 月 19 日问世以来，他就以四格漫画的形式登上了全世界 2600 种报纸，关于他的漫画共售出了 1300 万册，并且在全世界拥有 2 亿 6 千万名热心读者。大概是因为它看破红尘、语出惊人的独特魅力和人性化的自由享乐主义，这个一脸傲气表情的猫，这只完全自由的猫，这只爱说风凉话、贪睡午觉、牛饮咖啡、大嚼千层面、见蜘蛛就扁、见邮差就穷追猛打的猫，成为了全世界最受欢迎的猫。"

2012 年初，听孙师傅说起西院 L 姓人家有只加菲猫，是用 4000 多元钱从宠物市场买回来的，没做绝育，一发情就被那家人扔到楼道里，好了再收回去，如此循环往复。从此，发情的、可怜的加菲猫在冰冷的楼道里哀号的情形总在我眼前浮现，受不了了，干脆请孙师傅和我一起去看个究竟。

"西院"毗邻国防部大楼即"八一大楼"，住户均为军团级离休干部及其家属。一个周二下午，不到四点钟，敲开门，足有 40 多平方米的大客厅光线昏暗，一对儿五十多岁的男女穿着宽松的长睡袍，正斜靠在大沙发上看电视剧呢。

说明来意后，男人打开了阳台门的门锁——没错，门是锁上的，因为据说有一次猫居然进屋了！——阳台上关着三只猫，其中就有那只加菲猫。他说他们从来都是把猫养在阳台上的，一年四季都不准它们进门，否则又抓沙发又乱撒尿的，多烦人呢。

抱起那只加菲猫，仔细一端量，怎么长成这样啊？眼睛鼻子都挤到一块儿去了……我说我带她去绝育，拆线后再送回来好吗？歪在沙发上、眼睛和头都没动窝的女人说："算了，别送回来了，阳台上有两只猫就够了，这只我们不要了，快拿走吧。"

"……不要了？"

"不要了。"

抱着"小丑猫"刚出门，男人就把门关上了。想象得出，他马上就会回到沙发上，和那女人一起继续看那部被打断了的电视剧。对他们而言，就像什么也没发生一样。如果硬要说发生了点什么，那就是少了个麻烦。

得，张家猫窝又多了一口子。为她取名"加加"原因是显而易见的，加菲猫嘛，好记。

几天后，王寅接走加加做绝育。她发现，加加的大腿根处竟然有两个深深的剪刀伤口！打电话问原主人，硬说不知情。王寅估计是他们给她剪毛时不小心剪到的，不愿承认吧。一直到伤口愈合后王寅才带加加去医院做绝育。

网络百科里说：加菲猫由于遗传繁殖的身体原因，泪腺很短，很容易流眼泪，容易在眼角周围沉积一些分泌物。为此要加强对加菲猫眼部的护理和保养，及时为猫咪清理眼部，以保证加菲猫那张可爱迷人的脸庞……

　　加加的脸部绝谈不上迷人，但眼睛天天需要清理却不假，而且这孩子还特别配合、特别喜欢麻麻我为她用药棉或软纸蘸上眼药水擦拭眼睛——其实准确地说应该是擦拭内眼角至鼻梁外侧的沟壑。她现在的发型也是由麻麻我精心设计和修剪的，否则就是个参差不齐的乱草窝。

　　网上还说：加菲猫四肢短，性格沉静、好奇、贪玩、温顺，能和其他猫及狗友好相处。易于相处，安静，很少发出喵喵的声音，不喜欢孤独。感情丰富，需要主人的关怀。喜欢围绕在主人的周围，喜欢和主人交流沟通，在嬉戏中培养与主人的感情，对主人非常的忠诚关心……

　　虽然长得实在不敢恭维，但加加的自我感觉之好是家里任何一个喵星人都无法相比的。这么说吧，她一定认为自己是全世界最美、最萌、最重要的喵星人，每一个地球人都最稀罕她、宝贝她。每当把她抱在怀里，她要么万般深情地与你对视，要么无比享受地闭眼呼噜，认定自己就是你的那块无价之宝。因为特别把自己当回事儿，任何时候、任何事情都必须有她的份儿，都必须由她最近距离地充当见证猫，你都必须觉得荣幸之至。你洗脸她参观，你吃饭她旁观，连你给钢笔灌点墨水她也围观，反正她那身玳瑁色的皮毛沾上点墨水也看不大出来——后来才知道像她这种全身皆为玳瑁色的猫儿古称"滚地锦"……哎呀呀，可千万别不把豆包当干粮，这种自我判断严重失误的女生真是伤不起啊！

　　至于为什么加加会变成一个"自恋狂"，心理学的解释是：这种夸张表达的现象可以在童年生活中找到根源。他们由于没有经历过尽情游戏的童年，也没有人真正在意过他们的童年感受，所以长大后，他们对事情往往过于认真。他/她十分重视自己的话给别人造成的影响……总是努力坚持自己，以赢得局面和脸面……

想想加加在被封闭的阳台上度过的前两年猫生，似乎就不难了解她为什么会这样了。

"加菲猫是世界上最美丽最英俊的猫！"加加一定举双爪赞同那只美国加菲猫的结论。

本来张家猫窝的迎宾官和招待猫是大胖淘儿——猫家都干了 8 年了——可加加一来就喜欢跟着淘淘瞎掺和，不管是麻麻我回家还是客人来访，她永远紧跟在淘淘后面——有时居然还跑到淘淘前面——来表示热烈欢迎，喵喵叫、蹭腿、求抱、求挠头，没完没了。对她如此张扬的不合时宜，目前正在苦修忍辱波罗蜜的胖淘儿只好强忍不发。

还有什么与众不同之处吗？太有了——酷爱牙膏！每日早晚刚拧开牙膏口还没来得及挤出来，加加就兴奋无比地寻味而来，急不可耐地把鼻子、嘴和脸往麻麻我手里的牙膏和牙刷上蹭！如果你能挤出一点牙膏抹到她的小嘴里，她会高兴得舔啊舔个不停，仿佛正在品尝无上美味！

怎么会这样呢？百思不得其解……其他喵星人避之不及的牙膏、酒精、万金油、茶树油等，都是加加的最爱，只不过酒精、万金油、茶树油等远不如牙膏的使用率高。

若说加加最烦的就是剪指甲，她平日积累的所有的喵喵声都会集中在此时爆发而出，震天动地，绝对够得上"咆哮体"的。指甲刀一停，她的喵声也戛然而止。我敢说，如果加加也做祷告的话，她一定会祷告这是她最后一次剪指甲，最后一次！

"我向星星许了个愿。我并不是真的相信它，但是反正也是免费的，而且也没有证据证明它不灵。"

虽然长得实在不敢恭维，但加加的自我感觉之好是家里任何一个喵星人都无法相比的。

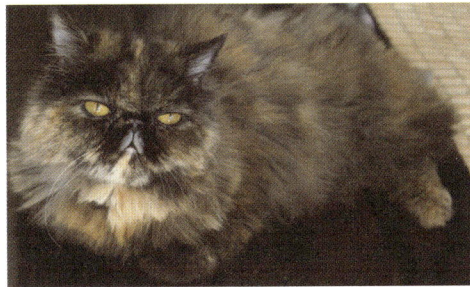

加加最好的地球人朋友是紫紫姐姐张然。为帮助改进已经做了好几个月的励志猫 Lucky99 的公益广告片，张然多次来张家猫窝拍摄图片和视频。她和加加之间的缘分只能用"一见钟情，互定终生"来形容。只要张然一按门铃，加加就急不可耐地跳到大门旁的窗台上恭候，姐姐一进门她就急忙凑过去要姐姐抱抱，根本不管姐姐两手是否得空，而姐姐当然也永远不忍心让加加的希望落空。

2014 年盛夏入伏以后，顶着奶奶反对的压力，加加身上的毛毛被我一扫而光。没有了各种毛球和疙瘩的纠结，"心里美"、"自来美"的加加心情愈发畅快，愈发觉得自己美不胜收了。

所有吾家喵星人创作的喵星文中，最直白易懂的就数加加了，请看：

"开开开开开开开开开开开开开开开开门 mmm。"（2012 年 8 月 9 日）

——不用说，她是在恳求她原来的主人把紧锁的阳台门打开，让她和另外两只喵星人进到屋里来过正常的生活啊。

"泰剧剧啊诶诶的。"（2012 年 12 月 3 日）

——一定是原来的主人——那对日夜沉迷于电视连续剧之中的夫妻——爱看泰国电视剧。网上对于泰剧是这样介绍的：泰剧的剧本倾向于跌宕起伏，多从家族矛盾出发，讲述一段揪心虐恋……"揪心虐恋"啊老天爷！

"不能不能不能不能不能不能不能不 7777777777777777777 能不能不能不能不不能不 ccccccccccccccccccccccccccccccccv。"（2013 年 2 月 8 日）

——当年除夕，在震耳欲聋的爆竹声中加加笔触沉重地写道。像所有的喵星人一样，她对既制造噪音又产生污染、更令无数喵星人和汪星人吃尽苦头的烟花爆竹恨之入骨，希望早日被彻底取缔，还世界一个宁静太平。

那只最有名的美国加菲猫的经典语录虽然大多严重不靠谱，但也不排除偶尔有那么几句言之有理的，比方说：

我相信世界将会变得更加宜居：

如果各国能够和平处理他们之间的纠纷……

如果大家都对陌生人微笑……

如果没有人再去偷盗……

如果人们开心大笑一些……

如果每个人都给自己的猫喂意大利面条……

如果我们更热爱自己的家庭……

如果人们彼此互相尊重……

如果电影、电视中不再有暴力……

如果不再有文盲……

如果一家人能够多交流一些……

如果朋友之间更加友爱……

如果每个人每周至少有一次停下脚步抚摸一只猫……

最后一句是关键：每个人，每周一次，停下脚步，抚摸一只猫？只要愿意照做不误，你就会神奇地发现，你，已经明白了幸福的真谛。

看，新天新地，正在开启。

这正是：重金买弃如履阳台楼道栖身　加菲猫获新生尽享美好时光

那猫儿到处走动，那月亮陀螺般旋转，
匍匐的猫，抬头仰望，它是月亮最近的亲戚。

——【爱尔兰】叶芝

🐾 喵星人小档案

大名：张二黑；小名：小二黑、二黑子
出生：2010 年底
收养日：2011 年 5 月 25 日
收养地点：王寅家

年龄：4 岁
性别：女生
毛色：外层为黑色短毛，里层为白色绒毛
眼珠：黄宝石色
性格：不亲人 + 不亲猫

坛子猫小二黑

听说过用收养一只流浪猫给自己作生日礼物的吗？ 2011 年我就干了这么一件事，小黑猫小二黑就是我送给自己的"生日礼物"。

日后读到《下辈子做猫吧》这本用喵星人的第一人称写成的书，里面正好讨论到有关送礼的问题。书里所有喵星人的共识是：送礼是传情达意的经典方式，喵星人既喜欢收礼物，也喜欢送礼物，而且特别精于此道。当然，圆珠笔帽、矿泉水瓶盖、曲别针、U 盘保护帽……这些不算啊，虽然我都一样不少地收到过——等等！有没搞错？这些原本就是我的啊，是被喵星人玩来玩去不知去向的！

关键的结论在这里，喵星人眼中的最佳礼物是什么？是喵星人自己！就是说，把自己当作礼物送给主人！

"你自己。没错，你自己！不管具体是什么场合，你自己都是最完美的礼物。送自己不用花钱，大小又正合适，而且，你主人本身就已经很喜欢你啦。只要走到他（她）身边，露出肚皮来给他（她）挠就行，然后舒舒服服地呼噜呼噜叫。这份礼物的唯一问题就是不退不换！无所谓，反正你也不去什么其他地方！"

要不怎么说喵星人知己知彼、冰雪聪明呢！

小二黑来自王寅家的大猫窝。只要有机会我就想尽量减少王寅的压力，先后一共从她那里领养过 Amy 美玲珑、路路、汤圆、小珠珠和小二黑五只猫咪。当时王寅问我想要一只啥样的猫——这可是我第一次有选择大权哦！我说有些国人不是讨厌黑猫、黑猫不是不容易被领养出去吗？那就干脆给我来一只黑猫吧。王寅把小二黑送来时说，这不是一只纯黑猫，人家还有点名猫的血统呢。仔细看时，小二黑身上有间隔均匀或明或暗的黑色条纹。上网一查，小二黑应该属于性情温和、感情丰富、聪明伶俐的"孟买猫"，由于其外貌酷似印度豹，故以印度都市孟买命名。

黑猫古有"乌云"、"啸铁"、"铁猫"、"黛玉"之称。古人认为黑猫（玄猫）可以驱邪，而正因如此，每当有灾难降临时、凡有邪灵和恶灵的地方就会有黑猫的身影，久而久之，人们就认为黑猫是带来危险与灾难这些不祥之物的罪魁祸首，真是天大的误会。

我的"生日礼物"当时七八个月大，刚做完绝育手术，左耳被剪去一角，以作为流浪猫已绝育的耳标。肚肚上的毛毛被剃了个光光，很有点自惭形秽。随着毛毛的长出，小二黑逐渐恢复了自信心，黑色皮毛也变得油亮起来。

刚来那天不知我哪根筋出了问题，不假思索就给她起了"小二黑"一名。事实证明这是很欠考虑的，因为赵树理 1943 年的名作《小二黑结婚》中那个叫做小二黑的主人公是个小伙子，和他自由恋爱的同村姑娘叫小芹。也罢，既取之则用之，随它去了，小二黑就小二黑吧，也没人规定叫小二黑的非得是男生不可。

还有一次类似的失败的取名经历是这样的，2012 年 12 月 21 日冬至那天，从西院抱回一只快被冻僵了的半大猫咪，好容易才养活了。没来得及检查它有没有小 JJ 就武断地认为是个小女生，并为她取名冬妮娅——钢铁战士保尔·柯察金的前女友名。不久就发现，敢情猫家是个男生，而且很快就成长为张家猫窝一名生龙活虎的闹将！遂更名为冬冬或东东。不提也罢，怪难为情的……

为所收养的喵星人取名不是件易事，需要综合考虑每位喵星人的性格、外貌与经历等多种因素，这与为人起名是一个道理。不谦虚地说，无论是为猫还是为人起名，我都有着丰富的经验。

先说为人起名。迄今为止，我至少先后为一百多个外国人取过中国名字。1999 年是我堪称辉煌的"起名业"的肇始之年。那一年，美国《财富》全球论坛首次在中国举办，会前,《财富》杂志的母公司时代华纳在华召开董事会，所以，我先后为好几十位该公司的董事会成员与工作人员（包括专机机组人员）取名。

关于起名，最难的一种情形是在见到本人之前就要把名字起好、把名片印好。为保证质量，最起码也应有照片供参考。见到本人后，若发现所起之名与其人气质、相貌、年龄、身份等吻合，所谓名如其人，自然会大有成就感。其中印象最深的有以下几位：《时代周刊》(Time Magazine) 总编辑蒲思鼎（Norman Pearlstine）、华纳兄弟影业公司董事长兼 CEO 梅伯瑞（Berry Meyer）、时代华纳公司总裁帕森思 (Dick Parsons)、优雅睿智的艾亭歌 (Joel Attinger)、娇小玲珑的金安安 (Ann King)；时代华纳董事长李文 (Jerry Levin) 的贴身保镖（Ron Huff）人高马大，一双鹰眼永远雷达般四下搜索着敌情，故取名郎豪夫;《财富》全球论坛总裁倪德慕（John Needham），直到今天他所遇见的几乎每个人都夸这个名字好，他也一直以此为豪……

　　地球人的名字不好取，喵星人的名字也容易不到哪里去。在根据美国著名诗人 T.S. 艾略特创作于 1939 年的长诗《擅长装扮的老猫经》（*Old Possum's Book of Practical Cats*）改编的音乐剧《猫》中，众猫一开场就集体朗诵了以下这首诗：

《猫的命名》（*The Naming of Cats*）

　　为猫取名是一件难事，
　　这可不是一场假日游戏。
　　当我告诉你一只猫必须有三个名字，
　　你可能认为我精神有病。

　　第一是日常居家的名字。
　　比如：彼得 / 奥古斯塔斯 / 阿隆佐 / 詹姆斯，
　　比如：维克多 / 乔纳坦 / 乔治 / 比尔·贝利，
　　这都是日常合理的名字。

　　还有花哨些的名字，或许你觉得更好听。
　　有些属于绅士，有些属于淑女。
　　比如：柏拉图 / 艾德米塔斯 / 伊列克特拉 / 迪莱特，
　　但都只是日常合理的名字。

而我要告诉你，猫还需要一个特别的名字。

一个奇特而且更加尊贵的名字，

不然他怎能翘着高高的尾巴，

展开长长的胡须而且傲气十足呢？

像这样的名字我能给你一大串，

像蒙克斯崔普／奎佐或克里克帕特，

还有邦巴露娜或是詹丽若姆，

一个名字只对应一只猫。

但除此之外，还有一个名字，

那是你永远猜不到的名字。
那是人类无法发现的名字，
那是猫自己知道却永不会说的名字。

当你看到猫陷入沉思，
我告诉你原因只有一个。
他正投入地，
思索着，思索着，思索着他的名字。
他那难以言说，有时说得出，有时又说不出的，
高深莫测，非同一般的名字，
名字，名字，名字，名字……

　　根据此诗，所有的喵星人都有三个名字：一是日常居家的名字，二是只属于自己且令自己感到尊贵的名字，三是只有猫自己知道却永不会说出来的名字。据说以上三者分别代表弗洛伊德人格论中的本我、自我和超我。

　　如此说来，现在我为喵星人所取的名字无一例外均属于第一层次亦即最低层次——日常居家的名字。既然第二与第三层次的名字不为我们这些地球人所知晓，那么，就让神秘的喵星人永久保守其真名的秘密吧。

　　众所周知，中国猫咪的名字中以"咪咪"为最多。原以为这主要来源于其"喵喵"的叫声。后来我却意外地找到了另一个来源：早在公元前 2000 年，广泛分布于欧亚大陆及非洲的野猫的名字 miw 或 mii 就被记载了下来。那时，它们就已进入古埃及人的村庄帮助捕捉那些侵扰粮仓的老鼠。根据考古研究，猫

在古埃及享有崇高地位，因为其形象与古埃及艺术之中的贝斯特女神形象最为接近，该女神是掌管女性魅力、生育、母性与家庭之神。

世界知名动物学家、动物行为学家、人类学家德斯蒙德·莫里斯对此则有更进一步的说法（《猫咪学问大——人类最想问猫的80个喵什么》）：

"猫神被称为贝斯特（Bastet），意指'巴斯特之女'（She-of-Bast）。巴斯特城是重要的猫神殿的所在地，每年春天有约五十万人聚集于此参加宗教节庆。每次节庆中会埋葬约十万具猫木乃伊，参拜猫之圣女（据推测，那应是圣母玛利亚的前身）……"

而用猫咪的口吻所写出的奇书《下辈子做猫吧》则进一步指出：

"在历史上，我们猫咪曾经对世界上最重要的宗教和社会的发展产生过深远的影响。历史书里充满了对我们智慧的溢美之词。最最典型的例子莫过于埃及：猫咪统治下的古代埃及，孕育了文明史上最了不起的奇迹。"

关于汉字"猫"的来历，《本草纲目》是这样说的："猫有苗茅二音。其名自呼。"据记载，"猫大概是在公元初年传入中国的，到了唐代，猫在中国已经家喻户晓了。一位宋代诗人的朋友分别为家养的七只猫命名为白凤、莫愁等。"唐代画家卢弁和宋代画家李迪创作过多幅经典猫图，南宋爱国诗人、词人陆游曾写过多首猫诗……

很快我就发现了小二黑的两个特点。一是超强的跳高能力，二是对坛子及圆形器物的超级迷恋。

虽然是个身材苗条的女生，但小二黑却是张家猫窝当之无愧的跳高冠军——在继Lucky99之后的第二只三脚猫张小北到来之前。正常的跳高，比如地面——桌子——柜顶的三级跳，很容易做到；而只要不是太高太陡的柜子，

家里跟小二黑长得最像的喵星人是黑妮妮。

总是一路小跑酷似青衣走台步的黑妮妮，从名字到相貌再到性格都是一只典型的淑女猫。

黑妮妮与白珍珠是一对闺蜜。她们一黑一白，真是黑白分明啊！

小二黑都能从地面径直跳上柜顶，这就有些难度了。

奶奶多年前从唐山买回来一些白色蓝条的大瓷罐或曰瓷坛子，这些当年用于出口创汇的圆形瓷器下部有个小圆口，可接入净水装置。现在，奶奶把圆孔堵上，把它们排成行放在一进门的过道窄柜上，用来盛放专喂楼下流浪猫的猫粮和喂鸟的各种农作物，既保鲜又不长虫。

小二黑自打一来就爱上了这些瓷坛子，每天有很多时间都在上面度过，或站，或趴，或卧，或走，变换各种奇葩姿势，万变不离坛子。看她在一排光溜溜的瓷坛子上行走就如同看一位古代飞侠在练轻功或梅花桩，又像一个芭蕾舞女演员在表演高难度动作，行云流水，如履平地，令人令猫叹服不已。

每每听见瓷坛盖被爪踩所发出的清脆碰撞声，就知道小二黑一准儿又在上面练功了。小二黑功夫了得的一个铁证就是，虽然多次发生险情，最后却总能化险为夷，至今连一个坛子盖都没打碎过，遑论坛子本身了。作为她自豪的麻麻，我坚信，如果举办全球喵星人轻功大赛，我们小二黑的名次一定低不了。

夏天待在瓷坛子上有清凉避暑之奇效，这易于理解。可冬天呢，冰凉冰凉的，加上门厅走廊里的穿堂风，那滋味能好受吗？可即便如此也挡不住小二黑对坛子的热爱，照样一日不辍，乐此不疲。

有天晚上，小二黑一如既往地端坐在一个瓷坛子上沉思默想，圆形的吸顶灯和圆月的影子分别反射在过道的玻璃窗上，形成两个暖色调的圆弧形，她那双黄宝石般的眼睛圆溜溜地盯着它们看——我知道了，小二黑酷爱和崇拜圆形器物的真正原因是她把它们都当做了月亮的替代物，"你看你看月亮的脸！"后来读到爱尔兰诗人叶芝的诗作，更进一步确认，原来猫咪"是月亮最近的亲戚"。

《猫与月》

那猫儿到处走动，
那月亮陀螺般旋转，
匍匐的猫，抬头仰望，
它是月亮最近的亲戚。
黑色的敏纳娄什紧盯月亮，
……

跳舞么敏纳娄什，跳舞么？
当两个近亲相逢时，
有什么比相邀共舞更好？
也许月亮已经厌倦
那宫廷时尚，会学习
一种新的舞步转法。
敏纳娄什在草丛中穿行，
从一个到另一个月照的地方；
头顶上那轮圣洁的月亮
已变换了新的形象。
敏纳娄什可知道，它的瞳仁
也将跟着时时地变幻，
从圆渐渐到缺，
从缺渐渐到圆？
敏纳娄什在草丛中穿行

孤独、高傲而又聪明，

朝那变化着的月亮，抬起

它变化着的眼睛。

　　家里跟小二黑长得最像的喵星人是黑妮妮。总是一路小跑酷似青衣走台步的黑妮妮，从名字到相貌再到性格都是一只典型的淑女猫。2007年深秋时节从西院捡来时，除了满身跳蚤外还口腔发炎，后来一一治愈了。她一来就跟奶奶好，而且小小年纪就专爱吃皇家牌猫粮中特供十岁以上老年猫的老猫粮。

　　奶奶那边和我这边各有一个"猫食堂"。每天都能看见这样的情景：只要看见奶奶往食堂方向一走，黑妮妮就马上从奶奶后面跑到前面喵喵地叫着带路，而奶奶也总会给她舀上两勺老猫粮吃。从几个月的小猫吃到现在的7岁，一转眼黑妮妮自己也快够得上一只真正的老猫的年龄了。

　　黑妮妮和小二黑被我任命为张家招财猫。姐妹俩当之无愧，不辱使命。上任以来，严格执行"深挖洞、广积粮、不称霸"的几字方针，除堆积如小山的一袋袋猫粮和一听听罐头外，还确保家里的坛坛罐罐桶桶盒盒瓶瓶永远都装满了香喷喷的什锦猫粮。不仅家里的喵星人从未断过顿，就连外面几个小区的流浪猫们也一年365天日日有饭吃天天有水喝。吾家楼下的常住猫咪们不仅均已绝育，在冬天更有徐玉凤阿姨统一定做的木质猫窝和奶奶备好的厚软棉垫可供栖身保暖。

　　这正是：生日礼物坛子猫苦练轻功　乌云啸铁招财猫恪尽职守

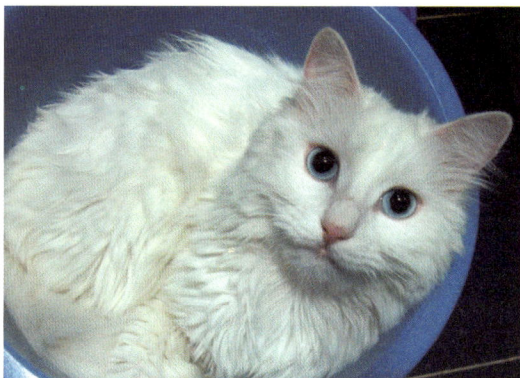

抚摸猫不只是让猫平静下来，人同样也能从中得到安宁……因为我们所有人，不管老的少的，都能从猫那里获得我们想要的某样东西——陪伴。而它们似乎也乐于与我们为伴。猫能够与我们一起分担那些不为旁人所知的孤独、悲伤和没有安全感的时刻，为我们带来安慰和可感触的舒适。

——【英】霍华德·洛克斯顿

🐾 喵星人小档案

姓名：张小北；小名：小北、北北、贝贝
出生：2013 年
收养时间：2014 年 4 月 20 日
收养地点：张家小区西院
年龄：1 岁
性别：女生
毛色：头部与身体皆为白色短毛，唯有尾部为鹅黄色
眼珠：蓝宝石色
性格：静如处子 宠辱不惊

中文名：旺仔 英文名：Prince
出生：2010 年初
收养日：2010 年 12 月 11 日
收养地点：Shannon Byers 家
年龄：4 岁
性别：男生
毛色：白色中长毛
眼珠：蓝宝石色
性格：略害羞、喜独处

三脚猫小北与小王子旺仔

1. 如果你开始爱上一只猫，那么你就会爱上全世界的猫。

2. 所有的猫都是可爱的，但，我的猫咪更可爱一点儿。

3. 我的猫咪更可爱一点儿，但，张小北又尤其可爱一点儿。

前面两句摘自韩国畅销书《自私的猫咪》，第三句是我加的。

今年 4 月，孙师傅说有一只三条腿的白猫最近老在西院出现。我一听心里就咯噔一下：三条腿的流浪猫？太可怜了！问孙师傅猫儿残疾得是否严重？行住坐卧是否受影响？他说还好，蹦跳着能走路。

每天都在打听三脚白猫的情况，一看见同为三脚猫的 Lucky99 就想起了那只无家可归的三脚白猫。当听说三脚白猫想进小区传达室睡觉，看门师傅把她

因长得珠圆玉润，又因当时奶奶一直在收看的一部电视连续剧里
的女主人公叫白珍珠，故取同名。（上图）
钻了 6 次诱捕笼后被带回家来的龙龙。（下图）

扔了出来，她傻傻地坐在门外等了好久时，我那被考验了好几天的忍耐力终于到了极限，不行！必须马上把她抱回来！

在险象环生的人类世界里求生存，像三脚白猫这样亲人或不怕人的流浪猫是最危险的，虽然它们更讨人喜欢。原因嘛，韩国作家李周禧已经道出了一部分：

"如果说，对猫亲切的人是一个的话，那么相反地，鲁莽地用石子扔向猫的人就是数十数百个。每当我看到对人亲近的流浪猫时，虽然会很喜爱，但首先，我更多的是担心。流浪猫是个小孩子。我总是想要深深地叮嘱它，不要跟陌生人走，即使给你冰淇淋，也不要理睬他们。"

李周禧不知道的是，对一只生活在中国的流浪猫而言，更危险的是那些磨刀霍霍的猫贩子。一夜之间，他们就可以空手套白狼，用活麻雀做诱饵，捕获十几只甚至更多的流浪猫或散养的家猫，囤积到一定数量后即贩运到广东等地，卖给餐馆，从中牟利。所以，每当看见那些过于亲人或野性不足的流浪猫时，几乎没有其他选择，只能带回家来。

以比这只残疾猫更早进入我家的白珍珠为例，因为她老躲在小区一辆轿车之下喵喵叫而被发现。当时的她又弱又小又脏，与我一起救助流浪猫的邻居高大姐和我都以为她是只生病的半大猫，结果刚送到医院还没来得及体检就流产了……康复后，我们把她送到小区街心花园里的一个井盖上，就在那辆轿车旁。她不像那些野性十足的猫儿那样笼门一开就箭一般蹿出去不见了踪影，而是老老实实地坐在井盖上，将近一个小时后我狠心离去时依然如此……放不下心，第二天几乎同样的时间再到那里一看，天哪，24小时后的她竟然还睁着一双无辜与迷茫的淡蓝色眼睛在井盖上端坐着呢！显然，她完全不知道何去何从……没办法，只好把她抱回了家。后因长得珠圆玉润，又因当时奶奶一直在收看的一部电视连续剧里的女主人公叫白珍珠，故取同名。

另一只猫咪龙龙的故事也差不多。有一阵子发现小区有新来的流浪猫，遂布下诱捕笼实施抓捕。帮忙的清洁工孙师傅说有一只白猫特傻，每次放好诱捕笼，打开一袋妙鲜包，它就钻进去吃，吃完了也不出来，赶都赶不走——它已经做过绝育了，有耳标为证。不断地进、不断地放，如此往复达五次之多。我下了决心，告诉孙师傅：它再进诱捕笼一次就把它带回来！因为这么"傻"的猫太容易被猫贩子活捉了。果然，它又第六次被关在了诱捕笼里，孙师傅如约把他送到我家，因为是个男生，我给他取名"龙龙"，本意是"笼笼"，纪念他钻了六次的诱捕笼。

把三脚白猫接回家后仔细一看，她的左臂缺失，仅剩大拇指长的一截残肢，被白毛裹住，从外面看不出来，可见，不是新伤。她左耳最上角被剪掉了，那是流浪猫做过绝育的标记。可是，在高大姐、孙师傅和我做过绝育的小区及周围流浪猫里，没有一只是三脚白猫啊？也就是说，她的左臂是在绝育手术后失去的。

事故？人为？致残原因恐怕永远不会揭晓。如果是人为伤害，那么，小北和我一起为那个施害者祈祷，祝你的余生不受良心的煎熬，祝你幡然悔悟改邪归正。

因为已为之前从西院抱回的猫起名"西西"、"东东"，后来又从楼下来了个"南南"，所以，给这只三脚白猫起名"北北"或"小北"就是顺理成章的了。再者，奶奶说了，"北北"不是与"贝贝"谐音吗？这个名字挺好。

无论如何，三脚白猫小北就在张家猫窝落了户，平静地开始了新生活。一天中的大部分时间，她都会趴在书桌上距我一臂之遥处，所以，我有很多时间观察她的种种细节。

这是一只太乖太乖的猫儿了，温顺、淡定、无声无息、宠辱不惊。她的自理能力远超预期，什么也不用教，她什么都懂，什么都会。她不像是个新来者，倒像是从来就生活在这里，从来没有离开过。不是来到，而是回归。

日子一天一天地过去了，小北的皮毛变得越来越白亮，就像刚洗过澡一样。而我，也常常喜欢把长了不少肉的她抱在怀里，端详着她的蓝眼珠、瓜子脸、粉鼻头、黄尾巴，抚摸着那左臂的残肢，告诉她麻麻我多稀罕她、心疼她、她是个多好的孩子。

Lucky99 在第二次手术后被截去了右后肢，康复后完全适应了没有右腿的生活，行走跑跳攀登都不在话下；张小北也是如此，蹦跳自如，日常生活不受丝毫影响。最绝的是她超群的跳高能力——三条腿的她能轻松地跳上家里最高的柜子！又高又陡的柜子！看到这里麻麻我既松了口气又心疼不已，喵星人的自我修复能力和求生的意志真是神奇啊！

小北刚来时我兴奋地设想着，Lucky99 和小北一个缺右后腿，一个少左前肢，一帮一，一对红，真是天生的一对儿！没想到，Lucky99 和小北之间没有产生化学反应，不像当初 Lucky99 和小满仓那样形影不离，以至于到现在还没拍到她俩在一起的合影。不过，放心，有着钢铁意志的麻麻我一定会拍到的。我已经跟几位常到北京出差的外地女友有约在先，下次她们再来时，我把 Lucky99 和张小北同学一起带到她们下榻的高级酒店去，温馨的灯光、白色的大床、雅致的家具……一定能拍出理想的图片来。没准这么一折腾啊，俩女孩儿还能互生好感也说不定呢。

2013 年 7 月 5 日，清华大学图书馆老馆前的一棵银杏树下，那只曾经带给无数学子温暖、抚慰、信心、欢乐和正能量的"猫馆长"被人残杀了。有人问为什么清华的学子们会那么在意图书馆的一只猫？回答是：

"因为它安静的陪伴是一种力量。"

美国博物学家、自然保护区倡导者约翰·穆尔说得好："悲悯之心远比学校所教导的更为丰富、更为广泛。学校所教导的往往狭隘、盲目和缺乏爱；那些认为动物既无心又无灵魂，是为人所造，是供人玩赏、宠爱、屠杀、食用或奴役的教条，没有任何理由受到人们的尊重。"

经常被问到——如果不是每天的话——你们为什么要倡导帮助和善待动物？英国著名生物学家、动物行为学家、联合国和平使者珍·古德（Jane Goodle）博士的回答引人深思——不要虐待动物，它们也有痛苦和悲伤：

"为什么我们要在乎动物们所受的虐待？它要紧吗？而且，现在还有好多人的处境也很悲惨，为什么我们不先去帮助他们呢？当然，我们也应该去帮助受苦的人们，但我要问你为什么？为什么我们要在乎人们所受的苦呢？因为他们和你我是同一种动物，所以我们能理解他们的感受，我们知道他们和我们一样会感到痛苦，我们知道他们也会悲伤、恐惧、绝望、孤独和寂寞。那好，如果我告诉你，黑猩猩也能感受这一切，猫和狗和猪，和很多其他动物，它们也都能感受到这一切。你同意吗？如果你同意，那你就能明白为什么我们要关注这些动物们的痛苦了。"

三脚猫张小北、Lucky99 等喵星人充分证明，它们的喜怒哀乐一点不比地球人的少或弱，它们同样是自然之子，和我们"一般骨肉一般皮"，差异只在"别形躯"。

三条腿对写作没有任何影响。因为小北常伴麻麻左右，故近水楼台先得月，经常踩出些单字或短语来。

"�"（2014 年 5 月 6 日）

——不认识，查字典：

拼音：tà

中文释义：古同"踏"

英文释义：to tread on; to stamp; to walk

"女女难"（2014 年 6 月 20 日）

——是说我这个女生遭了难，还是在说做女生难、做一个残疾的女生更难？

"遇害呵呵呵 77 哈哈哈"（2014 年 6 月 23 日）

——革命的乐观主义者啊！在凶手以为她已经遇害后她又坚强地活了下来，并且无怨无悔！看来，几乎可以肯定，她的左臂是一场阴谋的牺牲品！

"我们家我们家我们家我们家我们家我们家我们家我们家我们家"（2014 年8 月 7 日）

——咱们家真是个大家庭，各猫都是来自五湖四海，为了一个共同的革命目标走到一起来了，对吗小北？

话说张小北同学未能如麻麻我所愿与 Lucky99 结为三脚猫联盟，却于 2014年 4 月入住张家猫窝不久就与小帅哥旺仔 Prince 交上了朋友。帅哥旺仔比小北早来四年半。它俩一个女生、一个男生，能变成好朋友的主要原因——谨以地球人之心度喵星人之腹——都是蓝眼珠、白皮毛，都性喜清静，不爱扎堆。

中国戏曲学院位于北京市丰台区万泉寺。凡是城乡结合部，流浪动物总是格外多，这是一条规律。旺仔就是一只出生在该校校园内的流浪猫。他还是一只小奶猫的时候被该校女生小齐带回去收养在宿舍里，小齐姑娘为他取名旺仔，希望羸弱的他能茁壮成长起来。

后来学校明令规定不准在宿舍饲养动物，小齐和同学们在网上搜到了在北京救助流浪动物的美国人 Chris Barden 和他的"领养小铺"，便赶紧向 Chris 求助。

三脚猫小北是一只太乖太乖的猫咪，温顺、淡定、无声无息、宠辱不惊。（左图）

旺仔Prince蓝眼珠、白皮毛，性喜清静，不爱扎堆。（右图）

毕业于耶鲁大学文学系的美国人 Chris Barden 于上世纪 90 年代中期来华，说得一口标准的京腔，写得一手地道的中文，曾为冯小刚等著名影人的影片翻译电影字幕，同时也是一个卓有才华的电影编剧。几年前辞掉所有工作，全身心投入到动物救助的公益事业中去，创立了一个名叫"领养小铺"的流浪动物庇护所和领养平台，在新浪微博拥有 11 万多的粉丝。在京哈高速拦截贩狗车救狗、阻止美式斗牛 Rodeo 来华展演、反对活熊取胆企业归真堂上市等重大动保议题与事件中都可见其身影。

他在豆瓣的自我介绍是："写手，翻译，编剧，支持动物权利和素食主义。"他的新浪微博认证则写着"在北京做动物公益的美国人"；在以狗狗的口吻发布领养信息时他往往会用"柯瑞思叔叔"（很高兴他还在使用"柯瑞思"这个我给他起的中文名）的称呼；而在与纯种养殖与宠物经营巨头对峙时，他称自己为"非纯种流浪人"。

Chris 与动物——尤其是中国动物——的因缘真是深而又深啊。他不是在救动物，就是在去救动物的路上。"在路上"——正是这位永远在行动中的洋义工的准确写照。这不是一条康庄大道，而是一条不归路。想当年曾在冯氏喜剧片《大腕》中友情客串过镜头的美国帅哥，这些年为了狗为了猫，平添了几多白发与皱纹。去看看他与狗儿在一起的光景吧：当他回到他的流浪动物避难所、当所有的狗儿都扑向他时，高大的他不是居高临下地跟它们亲热，而是蹲下身与其平视，一个个地招呼和爱抚这些缺爹少娘妻离子散的汪星人；当他抱狗时，他是用双臂将偌大的狗儿整个抱在怀里，狗儿的四肢紧紧地贴在他的胸口，难怪狗儿们都那么渴求他的怀抱……

一个外国人，不远万里来到中国，毫无利己的动机，把中国动物的解放事业当作他自己的事业，这是什么精神？这是国际主义的精神，这是共产主义的精神，每一个中国共产党员都要学习这种精神，每一个中国人都要学习这种精神。所以，我在认识他不久就把他称为"美国雷锋"并将其事迹广为传扬，尽管这给他带来的很可能是更多的麻烦和负担，他的手机经常被各种求助者打爆、被欠费停机……

每当想起 Chris，脑海中除浮现出前面说过的雷锋与白求恩的形象外，还有一个不可或缺的形象，那就是堂吉诃德——那个与强大顽固的、有形与无形的落后观念和糟粕传统抗争的骑士与勇士。真实的世界是架多么巨大坚固的风车，而在一个早已没有了骑士的时代发誓做一个行侠仗义的"骑士"和动保追梦人，是否注定会有头破血流的梦醒时分？其实，在我们这个不断创造世界经济奇迹却又极端现实的国度里，每一个为守护生命和心灵而战者不都是世人眼中的异类和堂吉诃德吗？

言归正传。Chris 不久还真给旺仔找到了一个寄养家庭，一位名叫 Shannon Byers 的外籍女士一家收养了旺仔，还给他起了一个英文名—— Prince（王子）。

半年后，Shannon 一家就要离开北京回国了，Chris 得给旺仔 Prince 再找出路。"那就我来领养吧！"听到这个消息后，我收养了旺仔。2010 年 12 月 11 日，小友赵然开车，奶奶、赵然和我三人一起到 Shannon 家里接走了旺仔，Shannon 那还穿着尿不湿的小毛头儿子一直摇摇晃晃地追着旺仔走到门口……

12 天后，王寅接走旺仔、国庆和湾湾，三个男娃娃一起做了绝育手术。

不久之后，旺仔就长成了一个大小伙子。淡蓝的眼珠，白色的长毛，尾巴竖起来像一朵盛开的大菊花，走起路来颤颤巍巍煞是威风。可能因为来自中国戏曲学院，耳濡目染所致，旺仔喜欢听京戏。因为麻麻从不看电视，每天都只在电脑上收看海涛法师的生命电视台，所以，旺仔大部分时间都在一天到晚开着电视的奶奶那边，时不时就能一饱耳福。

后来，在我的介绍下，学动画设计的小齐姑娘和她的同学们到央视新科动漫频道实习，最后其中还有人在那里找到了工作，看来好心果然有好报，真得感谢旺仔带来的缘分。她们还来我家看过一次旺仔，事后我请她们吃了一餐美味素食。

经常看到小北和旺仔在一起你舔我我舔你的亲密画面，纯洁友情嘛，何须掩饰。一猫降一猫，旺仔不是怕国庆吗？小北却不怕！有一次，正当国庆向旺仔步步进逼的关键时刻，小北猛跳几步冲上前来，以迅雷不及掩耳盗铃之势（没写错，此乃喵星人专用语也，详情参见龟田小队长故事中的相关解释），使出其必杀技"猫猫拳"对准国庆就是一击——看拳！好一位女汉子！国庆遂灰溜溜狼狈逃窜而去……

关于这两只猫儿毛色特征的古称也很有趣。三脚猫小北全身皆白唯有尾黄，这在过去被称为"金索挂银瓶"、"金簪插银瓶"、"金钩挂银瓶"、"金钩挂玉瓶"或"倒挂金钩"；而像旺仔小王子这样周身纯白的则被唤作"尺玉霄飞练"、"雪球"或"雪猫"，诗意盎然。

这正是：三脚猫小王子入张家猫窝　洋雷锋救动物展高风亮节

我叫 Lucky 小 99，我是励志小猫咪。
生而流浪尝百苦，父母同胞生别离。
雪上加霜遇车祸，强忍痛楚危而急。
幸获救兮送入院，接骨截肢养生息。
远近菩萨勤护佑，不抛弃兮不放弃。
感恩惜福克万难，身残志坚诚可期。
何德何能何以报？正能量加治愈系。
喵星汪星皆同体，地狱天堂在人心。
普天之下真善美，慈悲之光照大地。

——张 丹

☙ 喵星人小档案

名字：Lucky99；曾用名：重阳、久
　　　久、九九
生日：2013 年 9 月 1 日
遭遇车祸日期：2013 年 10 月 11 日
获救日期：2013 年 10 月 13 日
年龄：1 岁
性别：女生
毛色：头部、背部与尾部为鹅黄色，其
　　　余部位为白色短毛
眼珠：黄宝石色
性格：超级亲人 + 亲猫

Lucky99：
一只励志、治愈系、正能量的猫咪

从不曾料到一只三脚猫会如此坚强乐观。

从不曾料到一个人与一只猫的缘分会这么深。

从不曾料到会为一只猫写故事连载而且一写就写了一年，很可能还会继续写下去。

从不曾料到她的故事会感动这么多人……

究竟是多少世多少劫多么不可思议的因缘才让 Lucky99 和我走到了一起呢？这个问题我常常情不自禁地问自己，也问 Lucky99 这样一只出生不满 2 个月、体重不足 1 公斤便遭遇严重车祸却自强不息，带给无数人勇气、信心、慰藉与快乐的小流浪猫。

"对不起！我爱你！请原谅！谢谢你！"——源于古老神奇的夏威夷土著疗法的这四句箴言是自见到 Lucky99 以来我每天必默念数遍的，向她请罪，为她祈福。

"故天将降大任于斯猫也,必先苦其心志,劳其筋骨,饿其体肤,空乏其身,行拂乱其所为,所以动心忍性,曾益其所不能。"Lucky99 就正是这样一只天赋使命的猫(恕我斗胆将圣人圣言中的"人"字篡改为"猫"字)。

故事的开始就很像一个故事,注定了的相逢注定相逢了。2013 年 10 月 13 日,那一天时值重阳节,这只黄白相间的小猫咪正式走进了我的生活。那一天,从小区便民店把被车严重撞伤的她接到我家;那一天,带她去了清华大学的讲座,见到了好多朋友,确定了她的中英文名字;那一天,最后把她送到动物医院住院检查,开始了其漫长的求医求治历程……

Lucky99 出生在北京市大兴区黄村镇后辛庄村,是只标准的流浪猫。她的出生日期当然是后来根据兽医的经验判断而倒推出来的。而且,9 月 1 日不正是孩子们开学的日子吗?要想在这个人类主宰的世界上活下去,Lucky 久久呱呱落地便别无选择,须立即开始学习各种生存的本领。

话说我家小区里有家便民店,一间十来平方米的简易房,门里门外摆满了待售的蔬菜和水果,店主是一对河南来京打工的夫妇小秦和小李。9 月 25 日一早,小两口打开院门准备往车上装货,就在这当口,一只小猫跑进了院子。那是他们见过的最小的小猫,现在算来当时尚未满月。小猫怎么会跑到这里、她的父母和兄弟姐妹在哪里、发生了什么,永远是个无考的谜。

10 月 11 日,夫妇俩开着那辆上了年纪的面包车回到家时已是晚上 8 点多了。开门卸货时,他们注意到那只小猫跑出了院门。正吃着饭,突然听见惨叫声,跑出门外一看,黑暗中,一辆小货车扬尘疾驶而去,路边躺着那只小猫,一动不动。小猫的身子像面条似的瘫软了下去。他们知道坏了,肯定是被那辆货车给轧着了。可车已远去，根本追不上，即使追上了又能把肇事司机怎么样呢？早上起来一看，小猫还躺在那里，大小便都就地解决了，知道她肯定受伤不轻，于是决定向我——他们的老顾客、"爱猫的大姐"求助。

这天下午，我刚结束第八届上海国际渔业博览会的活动。会上，我和其他动保志愿者抗议加拿大参展商推销残暴血腥的海豹制品。返回北京的家中后，同楼的保姆小王按响了门铃，说卖菜的小李让她来转告我，有只小猫昨晚被车撞了，很严重，动不了了，问我该怎么办。我连忙交给小王一个猫包，让小李次日把猫儿带来。

第二天初见小不点儿时，她身子偏向右侧，左脚抬起。我小心翼翼地把她从猫包里抱出来放在桌上，她仍然保持这个姿势不变。轻轻地触摸她的小身体，尤其是腰以下部位，没有发现明显的骨折——当然，我知道这是完全不专业的判断。她的精神状态好于预期，不时喵喵地叫着，一对纯净无比的大眼睛就那么看着你，看着你。怎么办？就这样期待她自愈？还是送医求治？

正在纠结中，清华大学科学技术与社会研究所副教授、动保网联合创办人蒋劲松来电催我去参加下午的讲座。本来觉得这是个很熟悉的题目（"流浪动物的福利问题——如何帮助校园流浪猫开展 TNR"），不一定要去，但看着眼前的小不点儿，想到两位主讲人的身份，我决定去参加并带小不点儿同行，顺便请主讲人给她诊断诊断。

在清华大学新斋 335 教室，我把猫包打开放在桌上，小不点儿就那么安静地向右侧趴着，环视着满屋子的年轻人。来听讲座的二三十人多半是清华及附近高校的学子，大家看到一场关于流浪猫救助的讲座听众里居然有一只真正的流浪猫，都很兴奋和开心。

主讲人之一 Nikki（Nicola Lichtenstein）第一眼就爱上了 Lucky99，她在演

讲中几次把大家的目光引向了小不点儿。更奇妙的是，当她一开场讲到"猫很重要"以及引用伟大的思想家、人道主义者、1952年诺贝尔和平奖得主史怀泽的名言——"音乐和猫是逃离生活苦难的唯一出路"和英国大作家狄更斯的名言——"还有什么礼物比猫咪的爱更弥足珍贵？"时，Lucky99以"喵——！"或"喵！喵！喵"相呼应，仿佛在赞叹道："妙！妙啊妙！"这更令Nikki深信她与小猫之间明显存在的善缘。在北京一所高校任外教的Nikki同时也是一位资深的英国动物行为学专家。而当张拥军医生讲到TNR（抓捕—绝育—放归）是取代安乐死的人道管理与减少流浪猫狗数量的有效方法时，Lucky99也"喵！"了一声以示赞同。

也就是在讲座进行中，我给小不点儿起好了名字。英文名先夺口而出：Lucky——幸运儿，原因显而易见。中文名稍费思量：重阳——九九——久久，最后决定用久久。全名"Lucky久久"。这一天正是农历九月初九，重阳节。秋季是一年中主收获的黄金季节，九九重阳，"九九"与"久久"同音，"九"在数字中又最大，有长久、长寿之意，这正是Lucky久久名字中"久久"的来历。

后来，老友赵若冰的一次笔误使Lucky久久的名字变成了Lucky99。小不点儿是重阳节那天获救的，所以，用久久——九九—— 99都可以，但阿拉伯数字"99"和英文的"Lucky"写在一起毫无违和感，以后就一律用它啦。

Lucky99与清华大学实在太有缘了。继2013年10月13日的初次造访后，2014年3月2日和5月18日，她又相继在清华大学动物研究读书会和伴侣动物系列讲座上作为真正的主角闪亮登场。

讲座结束后，搭张医生的车前往其任院长的荣安动物医院进行全面检查：拍X光片、抽血化验、针刺试验等等。Lucky99一声不吭、一动不动，真是个好孩子。X光片一出来，张院长吃惊地发现结果比看起来严重得多，简言之，

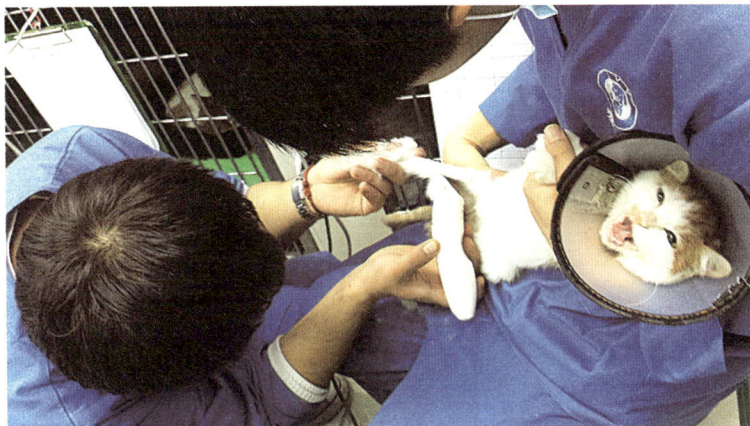

那一天，把Lucky99送到动物医院住院检查，

开始了其漫长的求医求治历程……

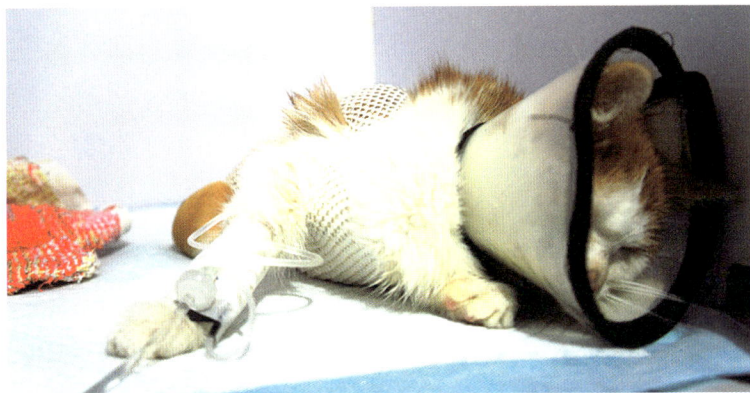

小不点儿的下半身几乎被那辆小货车给撞／碾散架了！如此严重的骨盆骨折实在罕见，尤其是发生在这样一只幼猫身上。考虑良久，他提出了三个方案：

1. 保守治疗

保守治疗就是不做手术，给予药物来预防感染和止疼，然后顺其自然，看看猫咪是否能够自愈。但依据小久久的受伤程度，自愈几乎不可能。因为其右后肢与骨盆完全分离，右侧髂骨、荐骨、坐骨联合都已断开，断端相距甚远，皮下血肿相当严重，感染并造成败血症的几率很大，并将因此危及生命。在此期间，动物相当痛苦。

2. 外科手术

通过手术清理血肿，修复损伤的肌肉，将断开的骨骼复位，使骨盆达到解剖学结构的相对完整，为功能恢复提供支架，也最大程度减少感染和疼痛。虽然术前的检查已经表明，右侧坐骨神经已经受损，右后肢已经没有知觉，但解剖学上的复位将给神经的恢复提供可能。最重要的是，外科手术能够最大程度地提高猫咪的生活质量，基本达到生活自理。

3. 安乐死

这是不得已的一个选择。保守治疗，康复遥遥无期，随时可能出现意外；外科手术的方案，一是费用很高，二是手术有一定的风险，三是复健的工作也很艰巨，需要极大的耐心和照顾她的人的艰辛的付出。对于如此幼小的流浪猫咪，要经受如此磨难，未来还是个未知数。所以安乐，对于流浪动物来讲，是有尊严的解脱，是万不得已的抉择！

不用说，我为Lucky99选择了手术方案。即使手术后右后肢不能恢复知觉，但"生活能够基本自理"也就足够了。手术顺利。在住院治疗的后期，我决定给Lucky99定制一辆小轮椅，请张医生帮忙测量了尺寸并按轮椅公司提供的样本绘图，图上的文字是："猫。体重：1.22 公斤。年龄：7 周龄左右。右后肢无力（没有知觉）。左后肢站立不稳。"谁说残疾动物就只能有残缺的一生？

定制的轮椅终于快递到家了，赶紧装好给刚出院的 Lucky99 试用，却遭到她的激烈反抗。厂家早就提醒过了，说猫咪尤其需要较长的适应阶段。无论如何，小 99 也算是拉着小轮椅往前走了几步猫步。后来实在拗不过她，只好把轮椅捐给流浪动物基地，物尽其用。

出院归来，Lucky99 跟家里的猫咪哥哥姐姐们的见面礼统统是"蹭鼻礼"和"亲嘴礼"。虽然为她准备了专门的猫窝、清水和幼猫粮，小 99 还是喜欢到其他娃娃们的"公共食堂"去吃饭喝水，还会挑个阳光灿烂之处晒太阳。在好奇心的驱使下，小 99 还时常拖着残腿残脚（右腿和右脚现在完全成了一个无用甚至多余的物件，行走时靠两只前爪着地用力，左腿配合，右腿毫无生气地在身子下面拖行），兴致盎然地巡视四周。奶奶说，她这是要好好地看看和认认自己的家，因为俗话说得好呀——金窝银窝不如自己家里的猫窝嘛！

Lucky99 是个既亲人又亲猫的好孩子，须知，能同时做到这两点的猫咪并不是太多哦！第一次住院治疗期间，从主刀院长到医生护士、从宠物主人和救助者到他们带来求治和住院的动物，Lucky99 阅人、阅猫、阅狗、阅兔……无数。奇的是，上述人与动物无不喜欢她，而且是很喜欢她哦！可不是嘛，她又可怜又可爱，又懂事又听话，又大方又友爱。

说她亲人，她见人就亲，谁都让抱，用不了五分钟就能在陌生人的怀抱里或膝盖上打起心满意足的小呼噜来！算算看她在住院手术期间和出院后交了多少大朋友吧：Nikki 阿姨、斐姐姐、蒋劲松叔叔、何冰阿姨、王寅阿姨、赵然哥哥、常辉法师、慈惠法师、晓萌阿姨、凯膑哥哥、杨哥哥和赵姐姐、久姑娘她姨、冷冰洋哥哥、刘叔叔和女儿、圣玄法师、山梅老师、玉凤阿姨、紫紫姐姐、

Lucky99 阅人、阅猫、阅狗、阅兔……无数。

奇的是，上述人与动物无不喜欢她，而且是很喜欢她哦！

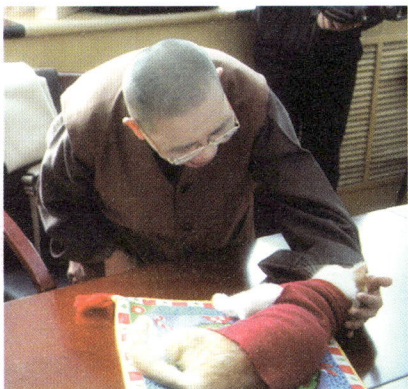

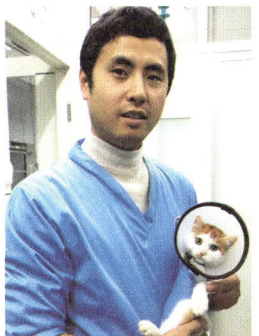

田野哥哥、小鱼姐姐、张辉阿姨……对朝夕相处照顾她吃喝拉撒的麻麻我和奶奶就更不用说了，一个字——亲！

说她亲猫也有图有真相。一天，我把她从"病笼"里抱到公共区域活动活动，在那里遇到了一只萌爆了的小奶猫小乖乖。小乖乖闻到小99正在吃的幼猫奶糕的香味，扭着毛茸茸的小身子冲将过来，而小99则马上把幼猫奶糕让给乖乖吃，自己像个懂事的大姐姐一样地在一旁看着小乖乖吃得啧啧有声：

"小乖乖，请吃吧！不够还有啊！麻麻给我买了好多呢！"

护士姐姐给乖乖清理眼部分泌物时，乖乖发出不舒服的叫声，Lucky99立即瘸着腿冲过去看看是怎么了，直到确认乖乖平安无事才放心，乖乖的麻麻粑粑直说Lucky99太有爱了！

2013年11月23日，我为明星导盲犬珍妮和她的妈妈、中国首位女盲人钢琴调律师陈燕女士举办了一场"与导盲犬同行——我愿意！"的专题活动。虽然带着Lucky99同行，但因忙于主持，竟让99与珍妮姐姐失之交臂。好在半年后两个好孩子终于又有机会见面了——励志猫小99作为特邀嘉宾出席了明星导盲犬珍妮姐姐的庆生会。

何谓"导盲犬"？其英文称谓对此做了最直截了当的解释：a seeing-eye dog 或 a guide dog——它们是盲人的眼睛、拐杖、朋友和翅膀。而数量极为稀少的中国导盲犬所面临的困境与窘境却是：被绝大多数城市的公共场所拒之门外。拒绝了它们，也就拒绝了与它们相依为命的盲人。问题到底出在哪里？一个人性化的文明社会怎么可能对导盲犬说不？有哪些他山之石可以攻己之玉？如何才能让我们的盲人朋友和他们忠实的导盲犬不再脸上流泪、心里淌血？我们在北京聚集一堂，对这些发人深省的严峻问题进行深入、全面的探讨，向全社会发出《与导盲犬同行——我愿意！》的倡议书并广泛征集签名，希望摸索出一条切实可行的通往光明之路。

　　刚从山东东营导盲犬基地考察归来的河北省佛教慈善功德会会长常辉法师说："中国的导盲犬训导事业还处于刚刚起步的阶段，有很多事值得我们为盲人朋友们做。其实世人皆是盲人，只是自己不肯承认而已。《华严经》有段经文道：'于诸病苦，为作良医。于失道者，示其正路。于暗夜中，为作光明。于贫穷者，令得伏藏。菩萨如是平等饶益一切众生。'佛法的经典都是给我们治心病的，所以佛也被比喻为大医王，医治一切众生的心病。佛教也如同导盲犬，是心盲之人需要的一只导盲犬。导盲犬所导的不仅是眼之盲，更是心之盲。"

　　那次会上，著名兽医刘朗医生也应邀到场。我就Lucky99的病情咨询了他。小99出院十多天了，她那条毫无知觉的伤腿越来越成为累赘，总是耷拉在身体下面。刘医生初步检查认为，小99的右腿右脚虽然全无知觉但尚未彻底坏死，因为还有温度，他建议试试针灸疗法，还可以考虑干细胞疗法，实在不行再考虑截肢。这让小99和麻麻我又萌生了新希望。

　　一周后，在亚洲动物基金15周年的庆典上再次见到了刘朗与姚海峰医生，向两位请教有关Lucky99的病情对策，刘朗医生建议请姚海峰医生主刀手术。随即将小99首次术前术后的X光片等资料发给姚大夫，他看后回复短信说："Lucky的坐骨神经损伤问题肯定没有办法恢复了。正常情况下，受伤这么长时间神经知觉应该会有改善的，但现在仍没有知觉，因此，可以判断的是坐骨神经完全断裂。我建议做单侧高位截肢，这样Lucky的生活质量反而会提高不少。"

　　这被之后的诊断所证实——Lucky的坐骨神经断裂且已无修复的可能，于是，12月1日，由姚医生主刀对其右腿实施了高位截肢。术后我被允许进入手术室，看着小99被截下来的右腿心痛不已……

因为手术的需要，Lucky99 的下半身被剃了个精光。三周过去了，毛长得很慢，加之出院前又患了感冒，所以一到家奶奶就给小 Lucky 穿上了红色高领衫。虽说是奶奶用旧棉毛衫改做的，可小 Lucky 全不在乎，穿上照样带劲，谁让咱是天生的喵星人模特呢！

不怨天，不尤人，不怕疼，不怕累，不怕苦，回到家中的 Lucky99 始终以高昂饱满的精神状态积极锻炼，以令人吃惊的毅力和速度适应了没有右腿的生活，一点也没觉得自己身上缺了点啥少了点嘛，心态十二分的阳光健康。

她小小的身体仿佛一辆掉了个头的三轮车，前面两个轱辘，后面一个轱辘。一旦寻找到两前肢和一后肢之间微妙的新平衡，便独创出一种 Lucky99 式快跑步，告别了走路，而选择了跑跳。一旦决定去哪里，她就像一个听到了起跑令的百米赛飞人，又像一辆蓄势待发的 F1 赛车，只见她压低身体略向右倾，哒哒哒哒哒哒地奔向目标！快到什么程度呢？快到她飞奔时三条腿的指甲在地板上打滑的声音响得不得了！"静如处子、动如脱兔"就是为她而创造出来的成语！

每每看着她以 Lucky99 式快跑步飞奔向前，我总是情不自禁地想起一个名人和一首名曲来：

名人是世界上最著名的残疾人田径选手（100 米、200 米和 400 米世界纪录保持者）、全球跑得最快的无腿人、南非的"刀锋战士"奥斯卡·皮斯托瑞斯。窃以为，我们小 99 没准儿一不留神便成为世界上跑得最快的三脚猫了呢！

名曲则是老约翰·斯特拉斯所作的《拉特斯基进行曲》。很多很多次，只要小 99 一起跑，我便在一边大声哼唱着《拉特斯基进行曲》那节奏分明、铿锵有力的旋律给她伴奏和鼓劲！这首常常作为维也纳新年音乐会压轴曲目的名曲与小 99 堪称绝配，那么愉悦、激励和鼓舞人心。请注意，伴唱速度必须比卡拉扬大师的指挥速度起码加快一倍以上才能配合得上小 99 的快步哦！

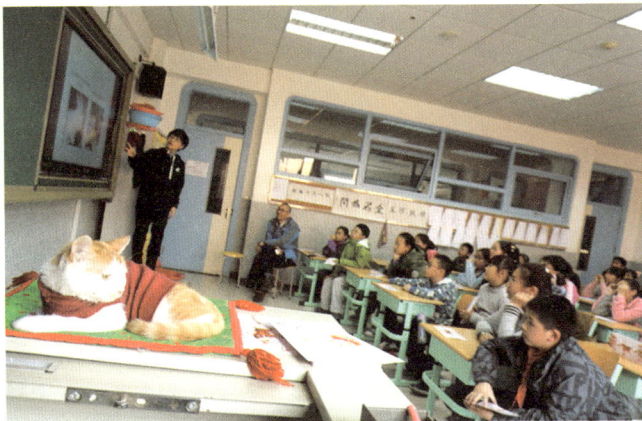

经常跟麻麻一道外出参加公益活动。

Lucky99可真是一只十足的三脚飞猫啊!

一只动物和一个人一样,即使没有完美的身体,也完全可以拥有完美的灵魂。从来就没有什么救世主,创造美好生活全靠我们自己。只有两条后腿的美国狗儿信念(Faith)和很多动物朋友证明了这一点,三脚飞猫Lucky99又再次印证了这一点。

随着伤痊愈,Lucky99日益展露出此前没有机会示人的开朗活泼乃至调皮捣蛋的另一面来,其性格也因此愈发丰富多彩。少条腿又怎么了?三脚猫又怎么了?不耽误吃、不耽误喝、不耽误玩儿滴!麻麻我发现她不仅淘,还淘得厉害!让我掰着手指头历数一下这个小淘气包的种种罪状吧:

玩儿水!清洁的饮水对猫儿的健康至关重要,所以,麻麻我在猫粮旁和其他好几处都放有清水,每天至少更换两次。不知从何时起,Lucky99开始玩儿水了。主要作案地点是奶奶书房里那个宽宽的木质暖气罩上。作案经过通常是这样的:先跳到沙发上再跳到暖气罩上,然后跑到盛放清水的小水仙盆旁,环顾四周,如果有人——奶奶或麻麻,就假装喝水,磨洋工喝水。一旦发现没人,就迅速地将右手伸进水盆里开始捞水玩儿,累了就换左手,我捞,我捞,我捞捞捞……直捞得水花四溅!两只前爪自然是湿透了,就连奶奶给做的红色高领衫都被打湿了。兴致正高的她才不管三七二十一呢,围着水盆转着身子,右手左手分别出击,好几只老实猫或远或近地做其忠实观众。开始发现她衣服湿透了还不明就里,怕她感冒,赶紧带她去用吹风机吹干。不久就发现了衣服总湿的个中原因——她正自顾自捞水捞得忘形呢,被奶奶抓了个现行,猫赃俱在!

以下是每次Lucky99被抓现行后的表现:因为太专注,所以她很少自己发现奶奶或麻麻,都是奶奶或麻麻看见水花四溅后大喝一声:"Lucky!不准玩水!"只见她闻声立马住手,同时快跑两步,躲到暖气罩犄角的窗帘后面去不见了踪影。片刻之后，窗帘后面伸出一个小脑袋瓜儿来，远远地观察形势：什么情况？奶奶和麻麻撤了没有？俺还能接着玩儿不？

咬植物！因为经常在暖气罩上玩儿水，捎带着又开始打起了水盆外侧的绿色植物的歪主意，看中哪盆就咬哪盆绿植的叶子，最喜欢咬的是奶奶最爱的那盆金边吊兰，被她的小尖牙咬得那叫一个千疮百孔，这么说吧，没有一片叶子是完整的！不仅如此，咬完了还觍着脸让麻麻我给她和金边吊兰合影留念，这熊孩子的脸皮可真够厚的！

咬猫粮袋和猫砂袋！张家猫窝猫多是再自然不过的了，要不怎么能叫猫窝呢。猫儿多，所需的猫粮和猫砂自然也多，每个月总得网购一两次，每次快递大哥送货来时都先堆放在进门的走廊里。只要你不及时把猫粮和猫砂转移到安全之地，只需一眨眼的工夫，以Lucky99为首的小坏蛋们就会把猫粮袋和猫沙袋咬出若干个大小口子来，一颗颗猫粮和一粒粒猫砂滚滚而出一泻千里。

"Lucky坏孩子不准咬！看麻麻揍你不！"

Lucky99早已夺路而逃——正好让麻麻看看俺们百米赛的速度又进步了没有。坏孩子们跑开了，麻麻我还得把破损处用胶带粘牢，再把流出来的猫粮拾起来，把里面的灰尘吹干净放进猫碗里，把猫砂扫到一起放到猫砂盆里。收拾完残局，我把Lucky99从躲藏处揪出来，直视着她的眼睛说：Lucky，浪费是最大的犯罪知道不？好孩子都要惜福感恩知道不？知道错了的Lucky99"喵"了一声算是回答，好不臊眉耷眼……

现在，奶奶和麻麻我最喜欢跟她玩儿的游戏就是，不管她在哪里、在干嘛，只要走到她面前喊上一声："Lucky！"她就立即张开小红嘴大声地答应："喵！"即使是在睡觉，只要轻轻地叫上一声："Lucky！"她也会睡眼惺忪地答曰"喵……"无数次试验之后发现，她最萌的回应是这样的：张开小红嘴作"喵！"

状，却只张嘴没声音，这是 Lucky99 最哆最哆的样子了！结果是，奶奶或麻麻我一定会把她紧紧地抱在怀里亲个不停……

　　2014 年春节前后，武汉动保志愿者截下一车装有多达 800 余只被盗猫咪的货车；北京"猫行者"团队志愿者凌晨首次抓获俩盗猫惯犯，人赃俱在。这些被盗猫咪原本的终结地都是食肆餐桌，或成为一盘盘广东的"传统美食""龙虎斗"，或被做成"新创佳肴""水煮活猫"，或被冒充为"羊肉串"而公开兜售。那些食客的血盆大口及其肠胃成了它们的葬身之地、停尸房和坟墓。

　　Lucky99 和她的小伙伴们（包括短期做客张家猫窝的汤圆和 Becky）当即决定，把奶奶、麻麻、亲友、粉丝们给每个小朋友的压岁钱全部捐给那 800 只劫后余生的猫咪兄弟姐妹们，聊表寸心。麻麻作为执行人已于 2 月 2 日汇给武汉市小动物保护协会。猫娃们还和麻麻一起焚香诵经，祈祷天下太平、众生安乐。

　　后来经常跟麻麻一道外出参加公益活动的 Lucky99 每次演讲都是这样开头的：

　　"您好！我是励志猫 Lucky99，我是一只普通而又不普通、不幸而又幸运的小猫咪。我是一只流浪猫，出生在北京大兴区的乡下，不到两个月大就被一辆小货车给撞伤了。可我又很有福报哦，遇到了麻麻和她的朋友们，她们带我看病、手术、治疗，给了我第二次生命。现在，我已经完全康复了，彻底适应了只有三条腿的生活，和家里的 32 个小伙伴们幸福地生活在一起，我们的生活充满阳光。我们都是来自五湖四海，为了一个共同的目标走到一起来了。这个目标就是不抛弃不放弃，活好每一天，做有益于天地万物一切众生的善事，不管它们长得跟我们一样还是不一样。因为我喜欢跑又跑得快，麻麻管我叫'三脚飞猫'。我还经常跟麻麻一起外出参加公益活动，让人们了解我们喵星人，广结善缘嘛。麻麻还给我写了两首歌，一首叫《励志猫 Lucky99 之歌》，另一首叫《Lucky99 新年歌》，两首我都很喜欢也都会唱哦！您听了麻麻的朗诵就知道我的故事了。一二三，开始吧，麻麻！"

在蒋劲松老师的建议下，从 2013 年 10 月 28 日起，我开始在动保网用图文记录 Lucky99 的故事，并转发至我的新浪博客和微博，初衷是希望给这个生命的奇迹做个见证，也给在身与心的阴霾中困扰纠结的你我人类动物们输氧、排毒、打气。

迄今为止，亲眼见过她的人和听说了她的故事的人几乎无一不爱上了她——这个不幸落入凡间的、励志的、治愈系的、代表和传递着正能量的流浪天使小猫咪。Lucky99 的名字和故事被越来越多的人们所熟知，一提起她，人们的脸上就会漾起微笑：

"是那只被车撞伤的三条腿小猫咪吗？"

媒体开始报道，北京人民广播电台的《故事恳谈会》邀请 Lucky99 麻麻我做客分享她的故事，主持人称"现在它已成了中国最有名的猫了"；光明网、凯迪网、《家庭百科报》等已开始连续转载她的故事……

今天，当我把 Lucky99 抱在怀里，与她四目相对，凝视着她那双清澈似水、无私无邪的温柔杏眼时，回顾来路，她的不幸与幸运、坚强与励志、亲友团与粉丝们、围绕着她的人与动物、中国动保人的艰难跋涉之路……缘起于这只流浪小猫咪的一切都历历在目，感慨万千。

这正是：小猫咪遇车祸幸获救诚感恩　励志猫正能量治愈系人人夸

致 谢

本书作者署的虽然是个地球人的名字，但其实应该是"张丹 + 喵星人"。道理很简单，没有喵星人就没有这本书。

张家猫窝喵星人携地球人麻麻张丹一致感谢以下地球人：

蒋劲松：清华大学科学技术与社会研究所副教授、动保网联合创办人、中国食文化研究会素食文化委员会主任。最早鼓励我写 Lucky99 故事连载并作点评。本书最早的读者并作序。

金椒妈、福福妈、Bragance：海外华人中对中国动保公益事业最坚定、最无私、最大力的支持者代表。分别位于新西兰奥克兰、美国波士顿与法国巴黎。这是她们的网名。从一开始就热烈支持与鼓励 Lucky99 故事连载并广为转载转帖，是张家猫窝喵星人的大恩人和菩萨阿姨。

李坚强：美国休斯敦大学东亚政治副教授、国际人道对待动物协会中国政策顾问。以协会及个人名义长期给予中国动保组织与个人专业与宝贵的支持。

马欣来：从大学同窗到动保同志。动物守护神——虽不能至心向往之的榜样。她永远的激励是我前行的动力。

王寅、徐玉凤：资深动物救助者。分别为北京向日葵动物之友团队联合创办人、北京猫行者团队创办人。她们是张家猫窝喵星人的大恩人和菩萨阿姨。

谢罗便臣（Jill Robinson）：亚洲动物基金（AAF）创办人暨行政总监。引领我走上动保之路。多年来始终不渝的支持与鼓励。为本书作序。感谢苏畅的翻译。

黄新萍：三联书店编辑。第一个读者、专业加敬业的责任编辑。

张然（紫紫姐姐）、赵然：攻读环境法与动保法的在读研究生、张家猫窝最受欢迎的菩萨姐姐；任劳任怨开车接送与陪同 Lucky99 及其他猫娃看病、手术、参加公益活动的帅哥哥。

张拥军、姚海峰、刘朗：先后为 Lucky99 等张家猫窝众多喵星人进行诊治的菩萨医生们。

周小波、汪佳其：分别为动保网（www.dongbaowang.org）联合发起人与执行总监、中国青年动物保护联盟发起人与执行长。发起"励志猫 Lucky99 关爱校园流浪动物微摄影大赛"等多项活动，是 Lucky99 心目中最棒的两位动保帅哥哥。

尔冬升：香港著名电影演员、导演、编剧、监制，被称为"香港全能型电影人"。代表作有《新不了情》、《色情男女》等。全力支持与推动中国动物保护公益事业。联袂推荐本书。

鲍尔吉·原野：著名蒙古族作家。著有《善良是一棵矮树》、《羊的样子》、《跟穷人一起上路》》等多部作品，广受欢迎。与画家朝戈、歌手腾格尔共称"草原三剑客"。联袂推荐本书。

雷蕾：著名作曲家。曾为电视连续剧《四世同堂》、《便衣警察》、《渴望》、《编辑部的故事》等多部影视作品及《冰山上的来客》等歌剧作品作曲。其父为著名作曲家雷振邦先生。联袂推荐本书。

易茗：著名作词家。曾为《渴望》、《上海一家人》、《水浒传》、《笑傲江湖》《大宅门》、《天下粮仓》等电视连续剧创作主题歌与插曲歌词。联袂推荐本书。

阎真：著名作家。著有《曾在天涯》《沧浪之水》与《活着之上》等获奖长篇小说。中南大学文学院教授、博士生导师。联袂推荐本书。

张颐武：著名评论家。文化学者。北京大学中文系教授、博士生导师。联袂推荐本书。

胡盛寿：中国工程院院士，中国医学科学院阜外心血管病医院院长，心血管疾病国家重点实验室主任。我心目中的大医王、药师佛。2014 年秋为我行心脏二尖瓣机械瓣置换术。拜其仁心神手所赐，我从此拥有了一颗健康的心脏。联袂推荐本书。

张家猫窝喵星人携地球人麻麻张丹一致感谢以下国际动保组织联合推荐本书：亚洲动物基金（Animals Asia Foundation）、世界农场动物福利协会（Compassion in World Farming）、国际人道对待动物协会（Humane Society International）、国际爱护动物基金会（International Fund for Animal Welfare）和亚洲善待动物组织（PETA Asia）。

知情—同情—行动。知行合一。唯有了解，才会关心。唯有关心，才会行动。唯有行动，生命才有希望，它们才会得救。

向所有奋战在动物保护第一线的志愿者勇士们、向推动立法保护动物的专家学者们、向拿起笔做刀枪振聋发聩的新闻工作者们以及所有关心动物命运并为之努力的人们致敬！向用鲜血和生命为人类的生存与发展作出巨大牺牲和贡献、备受人类虐待仍不失对人类的宽容与善意的动物朋友们致歉、致谢、致敬！

张丹

北京·木樨地茂林居

2014 年 9 月 1 日